"十三五"职业教育国家规划教材

普通高等职业教育计算机系列教材

Visual Studio 2015（C#）Windows 数据库项目开发

曾建华　主　编

赵　明　副主编

电子工业出版社·

Publishing House of Electronics Industry

北京 · BEIJING

内 容 简 介

本书通过一个完整的项目讲解如何使用 Visual Studio 2015（C#）开发基于数据库（SQL Server）的 Windows 窗体应用程序。

本书主要内容包括：主窗体界面设计、数据集、多种数据维护（录入、修改、删除）开发、统计查询、RDLC 报表设计、自定义控件开发（简单控件、复合控件）、控件使用技巧（如 DataGridView 拖放技术、自定义绘制技术）、LINQ 技术应用、智能客户端部署 ClickOnce 等技术。

本书附录通过网上购物系统介绍了使用 Visual Studio 2015 开发 Web 项目的强大功能，有利于读者进一步学习 Visual Studio 2015 开发工具。

本书项目完整实用，既涉及项目开发的各个环节，又尽量避免出现重复知识点。在讲解方面，本书力求以深入浅出的方式指导读者完成项目的开发，并期望读者能收到举一反三的效果。

本书适合 Visual Studio 2015 的初学者及有一定经验的开发人员使用，也可作为培训机构或高等院校的教学参考书。

图书在版编目（CIP）数据

Visual Studio 2015（C#）Windows 数据库项目开发/曾建华主编. —北京：电子工业出版社，2018.2
普通高等职业教育计算机系列教材
ISBN 978-7-121-33393-4

Ⅰ. ①V… Ⅱ. ①曾… Ⅲ. ①C 语言－程序设计－高等职业教育－教材②关系数据库系统－高等职业教育－教材 Ⅳ. ①TP312.8②TP311.138

中国版本图书馆 CIP 数据核字（2017）第 328860 号

策划编辑：徐建军（xujj@phei.com.cn）
责任编辑：徐　萍
印　　刷：北京虎彩文化传播有限公司
装　　订：北京虎彩文化传播有限公司
出版发行：电子工业出版社
　　　　　北京市海淀区万寿路 173 信箱　邮编　100036
开　　本：787×1 092　1/16　印张：13　字数：332.8 千字
版　　次：2018 年 2 月第 1 版
印　　次：2022 年 2 月第 9 次印刷
定　　价：33.00 元

前 言
Preface

Visual Studio 2015 是一套完整的开发工具，可用于开发生成 Windows 桌面应用程序、ASP.NET Web 应用程序、XML Web Services 和移动应用程序。

Visual Studio 2015 支持 Visual Basic、Visual C#和 Visual C++，都使用相同的集成开发环境（IDE），这样就能够进行工具共享，并能够轻松地创建混合语言解决方案。

本书主要讲解使用 Visual Studio 2015（C#）开发基于数据库应用的 Windows 窗体应用程序。

为什么开发 Windows 项目呢？Windows 窗体应用程序具备界面友好、功能丰富的特点，加上智能客户端部署功能，可使客户端自动升级更新到最新程序。

为什么使用数据库项目呢？市场上需求的软件，如各种 ERP 软件、财务软件、游戏软件等基本上都和数据库有关，所以开发数据库系统具有广泛的实用性。

本书以实训为主，力求步骤明确，指导读者完成项目的开发，对单个知识点并不做详细介绍，对某项具体技术或概念的阐述读者可参考相关的 MSDN。

本书主要由以下各章构成。

第 1 章　项目简介，准备好开发环境，认识本书教学所用项目的功能，了解项目使用的数据库中各表的含义以及表之间的关系。

第 2 章　主窗体开发，通过创建新的 Windows 窗体应用程序和主窗体的开发，让读者熟悉 Visual Studio 2015 集成开发环境（IDE）的常用元素；通过主窗体的开发，读者将学会如何使用菜单、工具栏、状态栏、MDI 窗体。

第 3 章　数据维护窗体开发，通过学习各种常用数据维护的方式掌握使用类型化数据集。以系部数据维护为例，学会以 DataGridView 的方式维护单表数据；以班级数据维护为例，学会在 DataGridView 中使用下拉列表维护带主外键关系表的数据；以学生数据维护为例，学会以详细信息的方式维护数据，熟练使用数据绑定类型的下拉列表和固定值的下拉列表，以及 DateTimePicker（日期）控件；以课程数据维护为例，学会自己控制新增、修改、删除等数据维护方式。

第 4 章　系统登录及权限管理，学习开发系统启动窗体，开发登录验证窗体以及权限的控制。

第 5 章　学生选课，通过该功能的学习，希望读者能灵活编程来实现自己的业务逻辑，以及学习 DataGridView 的一些使用技巧。

第 6 章　选课抽签及抽签结果查询，通过该功能的实现，让读者学会如何通过调用存储过程的方式实现业务逻辑。

第 7 章　统计查询，通过该功能的学习，希望读者能灵活使用 SQL 语句，学会编写代码对 DataSet 进行细节的控制。

第 8 章　RDLC 报表，学习如何设计 RDLC 报表，如何为报表提供数据，如何调用并运行报表，包括如何实现打印来自原始表、自定义表的数据。RDL（Report Definition Language）是报表定义语言的缩写。微软后来又提出 RDLC，即在 RDL 基础上加 C，C 代表 Client-side processing 完善的结果，同时也凸显了 RDLC 的客户端处理能力。

第 9 章　系统完善，学习如何开发系统"关于"框、使用程序集信息、异常处理、DataGridView 单击列标题时取消排序、用 Singleton 模式防止 MDI 子窗体的多实例化等小技巧。

第 10 章　控件开发，学习开发用户控件和复合控件，设置控件开发过程中的属性（Property）和事件（Event），能根据自己的需要开发适合的控件。

第 11 章　LINQ 查询技术，掌握 LINQ 的常用技术，包括 LINQ TO DataSet、LINQ TO SQL、LINQ TO Object。

语言集成查询（LINQ）是 Visual Studio 2015 中的一组功能，可为 C#和 Visual Basic 语言语法提供强大的查询功能，可以对其技术进行扩展，以支持几乎任何类型的数据存储，而不仅限于对数据库进行操作。

第 12 章　使用 ClickOnce 部署项目，读者可学会使用 ClickOnce 技术部署智能客户端。

ClickOnce 是一项部署技术，我们可以利用这项技术来创建基于 Windows 的自行更新的应用程序。安装和运行这类应用程序所需的用户交互最少。

ClickOnce 应用程序可以自行更新，这些应用程序可以在较新版本可用时检查是否存在较新版本，并自动替换所有更新后的文件。

附录 A　网上购物系统及其数据库简介，介绍 Visual Studio 2015 开发 Web 项目的强大功能，帮助读者了解网上购物系统的各项功能，认识网上购物系统配套的数据库 eShop。

本书所要求的开发环境：Visual Studio 2015、SQL Server 2005/2008/2012/2014。考虑到读者机器环境的通用性，本书所带示例数据库为 SQL Server 2005 版本，在 SQL Server 2005 及以上版本都可使用。

本书附录所要求的开发环境：Visual Studio 2015、SQL Server 2014。

本书由深圳职业技术学院曾建华、赵明编写。曾建华负责本书各章的结构及内容的编写和项目开发，本书各章节的代码由赵明调试并通过。此外，徐人凤、李斌、杨丽娟、李云程、王梅、杨淑萍、范新灿、肖正兴、裴沛、袁梅冷、梁雪平和庄亚俊等，参与了本书部分章节内容的编写和校对工作。在此一并表示感谢。

为了方便教师教学，本书配有电子教学课件及程序源代码，请有此需要的教师登录华信教育资源网（www.hxedu.com.cn）注册后免费进行下载。如有问题可在网站留言板留言或与电子工业出版社联系（E-mail: hxedu@phei.com.cn），也可与作者联系（E-mail: 237021692@qq.com）。

本书是在编者总结多年教学、项目开发的基础上编写而成的，编者在探索教材建设方面做了许多努力，也对书稿进行了多次审校，但由于编写时间及水平有限，难免存在一些疏漏和不足，希望同行专家和读者能给予批评和指正。

编　者

目 录
Contents

项目简介

1.1 项目和开发环境介绍

本章微课视频

本书主要讲解使用 Visual Studio 2015（C#）开发基于数据库应用的 Windows 窗体应用程序。本书以实训为主，力求以步骤明确的方式指导读者完成项目的开发，而并不对单个知识点做详细介绍。对于某项具体技术或概念的阐述，读者可参考相关的 MSDN。

1.1.1 为什么学习该项目

（1）为什么开发 Windows 项目？

Windows 窗体应用程序具备界面友好、功能丰富的特点，加上智能客户端部署功能，可使客户端自动升级并更新到最新程序。

（2）为什么使用数据库项目？

市场上需求的软件，如各种 ERP 软件、财务软件、游戏软件等基本都和数据库有关，所以开发数据库系统具有广泛的实用性。

（3）为什么使用学生选课系统？

可能有读者要问，这个好像应该是 Web 项目。没错，编者也开发过该选课系统的 Web 项目，但为什么拿来作为 Windows 项目讲解呢？因为：第一，该系统所使用的数据库便于学生理解；第二，不管什么项目，主要功能其实都是类似的，如数据的维护（新增、修改、删除）、统计、查询、报表输出、登录验证及相应的业务逻辑等。编者也将围绕这几部分来展开系统的开发和讲解。其实用什么项目来讲解都可以，关键是最后能让读者举一反三，能开发出满足客户需求的系统，这也是编者编写本书的目的。

1.1.2　开发环境介绍

本书所要求的开发环境为 Visual Studio 2015、SQL Server 2005 或以上版本。

编者使用的是 SQL Server 2014，但考虑到读者机器环境的通用性，本书所带示例数据库为 SQL Server 2005 版本，在 SQL Server 2005 以上版本中都可使用。

1.2　系统运行

1.2.1　准备项目所需数据库

（1）如图 1-1 所示，右击"SQL Server Management Studio"，选择"以管理员身份运行"命令。

最好以管理员身份运行 SQL Server Management Studio，否则后续步骤附加数据库时有可能出现"尝试打开或创建物理文件×××时，CREATE FILE 遇到操作系统错误 5（拒绝访问）…"这样的错误信息。

（2）启动 SQL Server Management Studio，显示如图 1-2 所示的"连接到服务器"对话框。

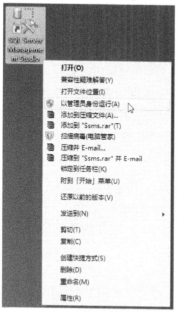

图 1-1　选择"以管理员身份运行"命令　　　　图 1-2　"连接到服务器"对话框

（3）在"服务器类型（I）"中选择"数据库引擎"；在"服务器名称（S）"中输入".\SQLEXPRESS"，考虑到环境部署方便，本书使用 SQLEXPRESS 实例；在"身份验证（A）"

一栏中选择"Windows 身份验证",然后单击"连接"按钮。

（4）如图 1-3 所示，在 SQL Server Management Studio 的"对象资源管理器"中右击"数据库"，选择"附加"命令。

图 1-3 选择"附加"命令

（5）如图 1-4 所示，在"附加数据库"对话框中，单击"添加"按钮以选择数据库文件。

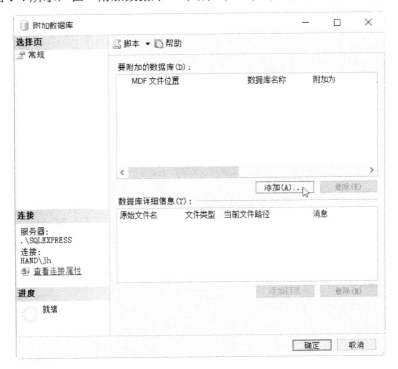

图 1-4 "附加数据库"对话框

（6）如图 1-5 所示，在"定位数据库文件"对话框中找到 Xk.MDF 文件所在的目录（读者可在本书配套资源的"教材项目\选课数据库"文件夹下找到），然后选中 Xk.MDF，单击"确定"按钮。

（7）如图 1-6 所示，在"附加数据库"对话框中，单击"确定"按钮，完成附加 Xk 数据库的操作。

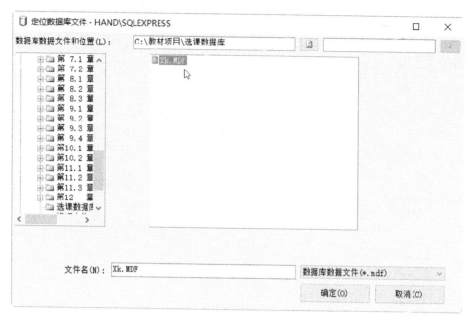

图 1-5　选择要附加的数据文件

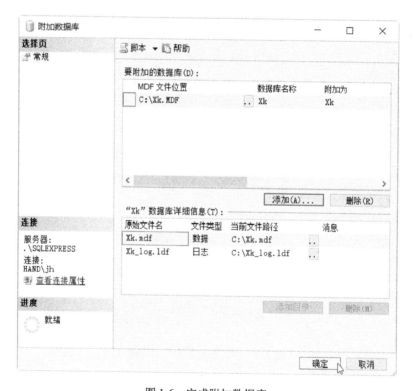

图 1-6　完成附加数据库

（8）如图 1-7 所示，在"对象资源管理器"中展开"数据库"，进一步展开"Xk"，再展开表，右击"dbo.Class"，选择"编辑前 200 行"命令（SQL Server 2005 中为"打开表"），显示 Xk 数据库中 Class 表的数据。

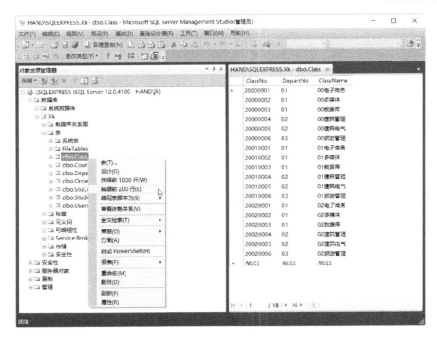

图 1-7 显示 Xk 数据库 Class 表的数据

1.2.2 运行学生选课系统

（1）启动 Visual Studio 2015。

（2）如图 1-8 所示，在 Visual Studio 中选择"文件"→"打开"→"项目/解决方案"命令。

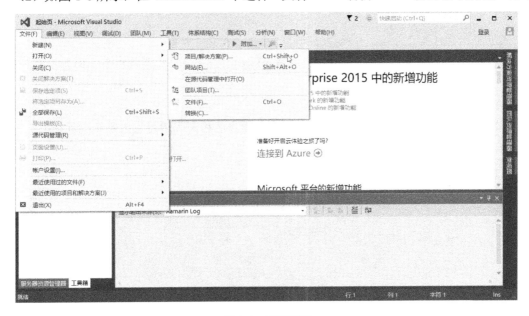

图 1-8 打开项目

（3）最终项目在本书配套资源的"教材项目\最终完成的项目"文件夹下，如图 1-9 所示，选择 Xk 项目，单击"打开"按钮。

图1-9　定位到 Xk 项目

（4）按【F5】键或单击工具栏上的"启动"按钮 ▶。为测试方便，本示例已将管理员用户之一的用户名"001"和密码"123"设置好了，读者单击"登录"按钮即可以管理员身份进入系统。

1.3 认识项目

1.3.1　项目功能介绍

我们先从界面上来认识一下本系统，了解系统都有哪些功能，通过每个功能我们要学会什么等。

感官认识有助于理解项目和学习后续课程。

（1）系统登录。如图 1-10 所示，输入正确的用户名和密码后将进入系统主界面。

图1-10　系统登录

以管理员和学生的身份进入系统后，将拥有不同的操作权限。

本项目管理员之一的用户名为"001"，密码为"123"，选中"管理员"复选框，单击"登录"按钮即可以管理员身份进入系统。

本项目学生之一的用户名为"00000001",密码为"123",取消选中"管理员"复选框,单击"登录"按钮即可以学生身份进入系统。

（2）系统主界面。若以管理员身份登录系统,则主界面如图 1-11 所示。

图 1-11 管理员登录系统后的主界面

若以学生身份登录系统,则主界面如图 1-12 所示。

图 1-12 学生登录系统后的主界面

管理员登录和学生登录功能的差别在于：学生登录后只可使用"学生选课"和"系统"两个菜单下的功能，而管理员登录后则可使用除"学生选课"外的所有功能。

读者也可以从主界面的菜单上大致先了解一下本系统有哪些功能。

通过这些功能，我们将学习到菜单、工具栏、状态栏、MDI 窗体及不同用户权限的设计。

（3）以管理员身份登录后，在主菜单上单击"系部信息"菜单，将出现如图 1-13 所示的界面。

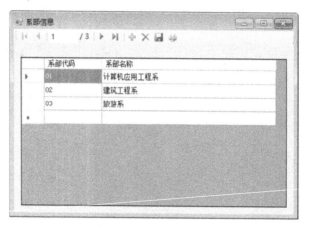

图 1-13　系部信息

通过该功能，我们将学习在 DataGridView 中维护单表数据以及打印来自单表的数据。

（4）以管理员身份登录后，在主菜单上单击"班级信息"菜单，将出现如图 1-14 所示的界面。

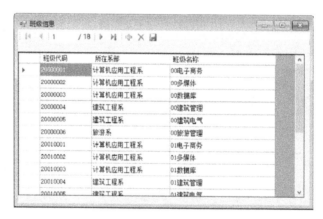

图 1-14　班级信息

注　意

光标所在单元格编辑时为下拉列表（单击鼠标选中该单元格，再单击一下鼠标即可），通过该功能，我们将学习在 DataGridView 中使用下拉列表维护数据以及打印来自多表的数据。

（5）以管理员身份登录后，在主菜单上单击"学生信息"菜单，将出现如图 1-15 所示的界面。

通过该功能，我们将学习使用详细信息的方式维护数据，熟练使用数据绑定类型的下拉列表、固定值的下拉列表、DateTimePicker 日期控件。

（6）以管理员身份登录后，在主菜单上单击"课程信息"菜单，将出现如图 1-16 所示的界面。

通过该功能，我们将学习自己控制新增、修改、删除等数据维护方式。

以上（3）、（4）、（5）、（6）各项功能都是与数据维护相关的，这里编者从教学的角度给出了各种不

图 1-15 学生信息

同的维护方式。在项目开发中，读者应该根据实际情况的需要选择最合适且风格相对统一的方式来设计。

（7）以管理员身份登录后，在主菜单上单击"选课抽签结果"菜单，再选择"随机抽签"子菜单，将出现如图 1-17 所示的界面。该功能将对报名后的数据进行随机抽签，以决定选课结果。

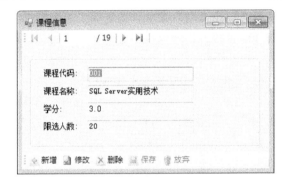

图 1-16 课程信息

图 1-17 随机抽签

读者可以看到，该界面就是一个简单的对话框，实际上核心代码在数据库的存储过程中。通过该功能，我们将学习如何在 Visual Studio 中调用 SQL Server 数据库中的存储过程。

（8）以管理员身份登录后，在主菜单上单击"选课抽签结果"菜单，再选择"按课程查看选课结果"子菜单，将出现如图 1-18 所示的界面，该功能可以查询抽签后每门课程的学生名单。

图 1-18 按课程查看选课结果

（9）以管理员身份登录后，在主菜单上单击"统计查询"菜单，再选择"按班级性别统计学生人数"子菜单，将出现如图 1-19 所示的界面，该功能将统计出各班男女生的人数。

图1-19　各班男女生人数统计

通过该功能，我们将学习灵活运用 SQL 语句、自定义表的打印、自定义控件（图 1-19 中的椭圆形按钮）的开发和使用。

（10）以管理员身份登录后，在主菜单上单击"统计查询"菜单，再选择"未选课学生名单"子菜单，将出现如图 1-20 所示的界面，该功能将统计出还未报名选课的学生名单，以便催促这些学生及时报名。

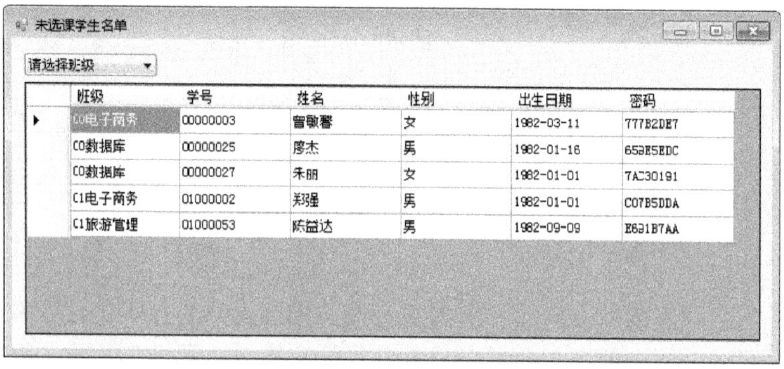

图1-20　未选课学生名单统计

通过该功能，希望读者能够根据客户需求进行统计查询的设计。

（11）在很多情形下我们可能都需要打印功能，如打印出来签字、和客户对账等，这些都是有需求的。

通过该功能，我们将学习使用微软 RDLC 报表来进行报表的开发和应用。

在"系部信息"功能中单击工具栏上的图标，将出现如图 1-21 所示的打印结果。通过该功能，我们将学习打印来自原始表的数据。

如图 1-22 所示，单击主菜单"统计查询"下的"按班级性别统计学生人数"命令。单击两个"打印"按钮中的任意一个。

出现如图 1-23 所示的打印结果。通过该功能，我们将学习自定义表的打印。

图 1-21 系部信息打印结果

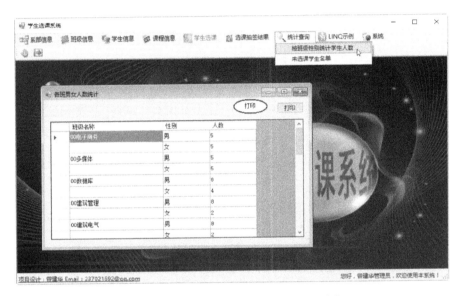

图 1-22 按班级性别统计学生人数打印功能

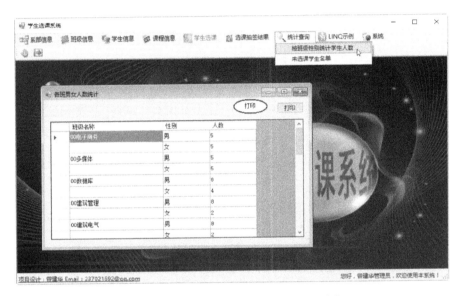

图 1-23 按班级性别统计学生人数打印结果

（12）LINQ 的学习。在 LINQ 菜单下有 3 个子菜单，分别为"LINQ TO DataSet 示例"、"LINQ TO SQL 示例"、"LINQ TO Object 示例"。这是我们要学习的与 LINQ 相关的 3 个内容。从执行结果上看，这 3 个功能类似，图 1-24 是 "LINQ TO DataSet 示例" 的运行结果。

（13）"关于"对话框。开发者编写了那么多程序，希望有个地方能留下自己的姓名，这也是大多数软件都有的一个功能。以管理员或学生身份登录后，在主菜单的"系统"菜单上单击"关于"子菜单，运行结果如图 1-25 所示。

图 1-24　"LINQ TO DataSet 示例"的运行结果　　　图 1-25　　"关于"子菜单的运行结果

通过该功能，我们将学习如何开发"关于"对话框，学习使用程序集信息。

（14）以学生身份登录后，在主菜单上单击"学生选课"菜单，再选择"报名"子菜单，将出现如图 1-26 所示的界面。

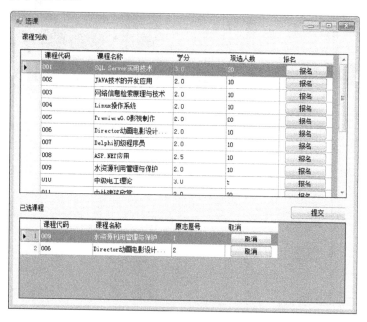

图 1-26　学生选课

该功能是本系统的核心业务逻辑，学生可以挑选课程来报名，也可以取消已报名的课程。

通过该功能，我们将学习如何灵活编程来实现自己的业务逻辑，以及各种编程小技巧，如拖拉数据行、显示行号等。

（15）以学生身份登录后，在主菜单上单击"学生选课"菜单，再选择"我的报名结果"子菜单，将出现如图1-27所示的界面。

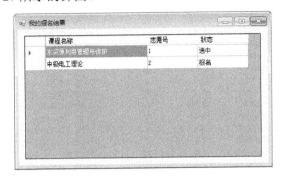

图1-27 我的报名结果

项目的每一个功能我们都浏览了一遍，希望大家先有所认识，后续章节将逐步实现这些功能。

1.3.2 熟悉项目数据库中的表

本项目中使用的选课数据库 Xk 中包含 6 个用户表，它们是 Department（系部表）、Class（班级表）、Student（学生表）、Course（课程表）、StuCou（学生选课表）、Users（管理员表）。

（1）系部表（Department）有 2 列：DepartNo（系部编号）、DepartName（系部名称），表中数据如图1-28所示。

（2）班级表（Class）有 3 列：ClassNo（班级编号）、DepartNo（系部编号）、ClassName（班级名称），表中数据如图1-29所示。

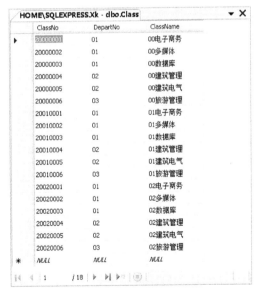

图1-28 系部表中的数据

图1-29 班级表中的数据

（3）学生表（Student）有 6 列：StuNo（学号）、ClassNo（班级编号）、StuName（姓名）、Sex（性别）、BirthDay（出生日期）、Pwd（密码），表中数据如图1-30所示。

HOME\SQLEXPRESS.Xk - dbo.Student | HOME\SQLEXPRESS.Xk - dbo.Class

StuNo	ClassNo	StuName	Sex	BirthDay	Pwd
00000001	20000001	林斌	男	1982-01-01 00:00:00.000	123
00000002	20000001	彭少帆	男	1982-02-02 00:00:00.000	abc
00000003	20000001	曾敏馨	女	1982-03-11 00:00:00.000	777B2DE7
00000004	20000001	张晶晶	女	1983-02-23 00:00:00.000	EDE4293B
00000005	20000001	曹业成	男	1983-03-18 00:00:00.000	A08E56C4
00000006	20000001	甘蕾	女	1983-04-20 00:00:00.000	3178C441
00000007	20000001	凌晓文	男	1982-05-13 00:00:00.000	B7E6F4BE
00000008	20000001	梁亮	男	1982-06-26 00:00:00.000	BFDEB84F
00000009	20000001	陈燕珊	女	1982-06-06 00:00:00.000	A4A0BDFF
00000010	20000001	韩霞	女	1982-07-09 00:00:00.000	4033A878
00000011	20000002	朱川	男	1982-08-01 00:00:00.000	19C5653D
00000012	20000002	杜晓静	女	1982-02-02 00:00:00.000	117A709E
00000013	20000002	黄元科	男	1982-03-11 00:00:00.000	C6C1E2B7
00000014	20000002	罗飞	男	1982-05-22 00:00:00.000	6808A559
00000015	20000002	李林	男	1982-02-12 00:00:00.000	E65AF58A
00000016	20000002	赖梅	女	1982-01-06 00:00:00.000	767591C7
00000017	20000002	麦嘉	男	1982-08-07 00:00:00.000	B7E43E7C
00000018	20000002	李月	女	1982-11-08 00:00:00.000	3B6EC650
00000019	20000002	陈艳婷	女	1982-12-11 00:00:00.000	22018D60

1 / 180

图 1-30 学生表中的数据

（4）课程表（Course）有 4 列：CouNo（课程编号）、CouName（课程名称）、Credit（学分）、LimitNum（限选人数），表中数据如图 1-31 所示。

HOME\SQLEXPRESS.Xk - dbo.Course

CouNo	CouName	Credit	LimitNum
001	SQL Server实用技术	3.0	20
002	JAVA技术的开发应用	2.0	10
003	网络信息检索原理与技术	2.0	10
004	Linux操作系统	2.0	10
005	Premiere6.0影视制作	2.0	20
006	Director动画电影设计与制作	2.0	10
007	Delphi初级程序员	2.0	10
008	ASP.NET应用	2.5	10
009	水资源利用管理与保护	2.0	10
010	中级电工理论	3.0	5
011	中外建筑欣赏	2.0	20
012	智能建筑	2.0	10
013	房地产漫谈	2.0	10
014	科技与探索	1.5	10
015	民俗风情旅游	2.0	20
016	旅行社经营管理	2.0	20
017	世界旅游	2.0	10
018	中餐菜肴制作	2.0	5
019	电子出版概论	2.0	10
NULL	NULL	NULL	NULL

1 / 19

图 1-31 课程表中的数据

（5）学生选课表（StuCou）有 5 列：StuNo（学号）、CouNo（课程编号）、WillOrder（志愿号）、State（选课状态：报名和选中）、RandomNum（随机数，当报名人数超过限选人数时，本系统采取随机抽签的方式进行选择），表中数据如图 1-32 所示。

（6）管理员表（Users）有 5 列：UserID（用户号）、UserName（用户姓名）、Pwd（密码）、EMail（邮件地址）、Tel（联系电话），表中数据如图 1-33 所示。

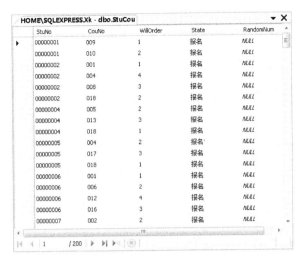

图 1-32 学生选课表中的数据

图 1-33 管理员表中的数据

1.3.3 数据库中表之间的关系

（1）如图 1-34 所示，在"对象资源管理器"中展开"数据库"，进一步展开"Xk"，再展开"数据库关系图"，双击"dbo.Diagram_0"选项。

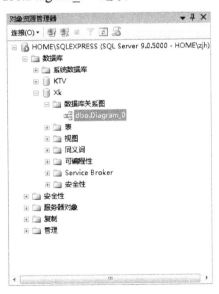

图 1-34 查看数据库关系图

（2）操作时如果出现如图 1-35 所示的提示，则执行第（3）、（4）、（5）步，否则直接跳到第（6）步。

图 1-35　操作提示

（3）如图 1-36 所示，在"对象资源管理器"中展开"数据库"，右击"Xk"，选择"新建查询"命令。

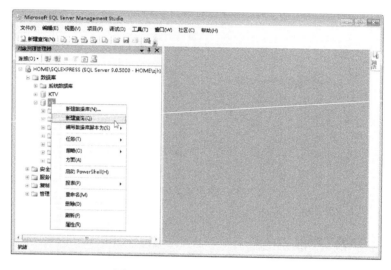

图 1-36　选择"新建查询"命令

（4）如图 1-37 所示，在查询窗口中输入命令" ALTER AUTHORIZATION ON DATABASE::Xk TO sa，单击 执行(x) 按钮。

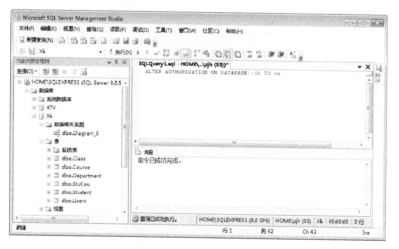

图 1-37　执行命令

（5）重新按照第（1）步执行。

（6）用户表与表之间的关系如图 1-38 所示。

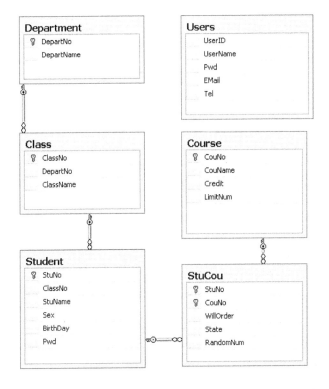

图 1-38　数据库关系图

从图中我们可以看到：

① 班级表（Class）和系部表（Department）之间通过 DepartNo（系部编号）进行连接，表示班级所在的系部信息来源于系部表；

② 学生表（Student）与班级表（Class）之间通过 ClassNo（班级编号）进行连接，表示学生所在的班级信息来源于班级表；

③ 学生选课表（StuCou）与学生表（Student）之间通过 StuNo（学号）进行连接，学生选课表（StuCou）与课程表（Course）之间通过 CouNo（课程编号）进行连接，分别表示学生选课数据中的学生信息来源于学生表，课程信息来源于课程表；

④ Users 表相对孤立，和其他表没有主外键关系。

至此，我们又对数据库有了大致的认识。

实　训

1．实训项目数据库简介。

本实训项目将使用一个简化的网上手机购物系统，数据库名为 eShop。

该数据库包含 5 个表，分别是：Users（用户表）、Suppliers（供应商表）、Mobiles（手机表）、Orders（订单主表）、OrderItems（订单子表）。

（1）Users 的列有：UserID（用户 ID）、UserName（用户名称）、Pwd（密码）、Tel（订单联系电话）、Address（订单送货地址），示例数据如图 1-S-1 所示。

	UserID	UserName	Pwd	Tel	Address
▶	af	艾络	2	13666666666	福田
	zjh	曾建华	1	13800000000	南山
✱	NULL	NULL	NULL	NULL	NULL

图 1-S-1　Users 表中的数据

（2）Suppliers 的列有：SupplierID（供应商 ID）、SupplierName（供应商名称），示例数据如图 1-S-2 所示。

	SupplierID	SupplierName
▶	01	索尼爱立信(SonyEricsson)
	02	诺基亚(Nokia)
	03	三星(Samsung)
	04	摩托罗拉(Motorola)
	05	松下(Panasonic)
✱	NULL	NULL

图 1-S-2　Suppliers 表中的数据

（3）Mobiles 的列有：MobileID（手机 ID）、SupplierID（供应商 ID）、MobileName（手机产品名称）、Price（价格），示例数据如图 1-S-3 所示。

	MobileID	SupplierID	MobileName	Price
▶	000001	03	三星 SCH-W399	3500.00
	000002	02	诺基亚 N93	5000.00
	000003	02	诺基亚 N83	4500.00
	000004	03	三星 SCH-B600	6000.00
	000005	05	松下 MX7	3000.00
	000006	01	索尼爱立信 W...	3000.00
	000007	05	松下 VS2	3500.00
	000008	03	三星 SGH-D528	3000.00
	000009	05	松下 SA7	3000.00
	000010	04	摩托罗拉 Z1	4500.00
	000011	04	摩托罗拉 V3m	3500.00
	000012	05	松下 SA6	3000.00
	000013	03	三星 w589	2300.00
	000014	04	摩托罗拉 E1070	4000.00
	000015	05	松下 P701iD	3500.00
	000016	04	摩托罗拉 ROK...	3000.00
	000017	03	三星 SGH-E900	3500.00
	000018	01	索尼爱立信 W...	2800.00
	000019	02	诺基亚 N73	4500.00
	000020	01	索尼爱立信 w7...	3000.00
	000021	01	索尼爱立信 K8...	5000.00
	000022	03	三星 SCH-F359	3500.00
	000023	01	索尼爱立信 W...	3500.00
	000024	04	摩托罗拉 A1890	2000.00
✱	NULL	NULL	NULL	NULL

图 1-S-3　Mobiles 表中的数据

（4）Orders 的列有：OrderID（订单号）、UserID（订单用户 ID）、Tel（订单联系电话）、Address（订单送货地址）、OrderDate（订单产生时间），示例数据如图 1-S-4 所示。

OrderID	UserID	Tel	Address	OrderDate
cda9db1c-85c2-4216-b241-06636a6ae22e	zjh	13800000000	南山	2013-09-24 21:44:26.997
NULL	*NULL*	*NULL*	*NULL*	*NULL*

图 1-S-4　Orders 表中的数据

（5）OrderItems 的列有：OrderItemID（订单子表 ID，主键，只是用来作主键，编者使用默认值 NEWID()自动生成）、OrderID（子表数据对应的订单号）、MobileID（订单的手机产品 ID）、Amount（数量）、Price（价格），示例数据如图 1-S-5 所示。

OrderItemID	OrderID	MobileID	Amount	Price
0F273240-A481-4335-B5F4-9CE8B032036F	cda9db1c-85c2-4216-b241-06636a6ae22e	000002	1	5000.00
B11DB83C-8837-4F65-B2E2-47B318969729	cda9db1c-85c2-4216-b241-06636a6ae22e	000006	1	3000.00
NULL	*NULL*	*NULL*	*NULL*	*NULL*

图 1-S-5　OrderItems 表中的数据

用户表与表之间的关系如图 1-S-6 所示。

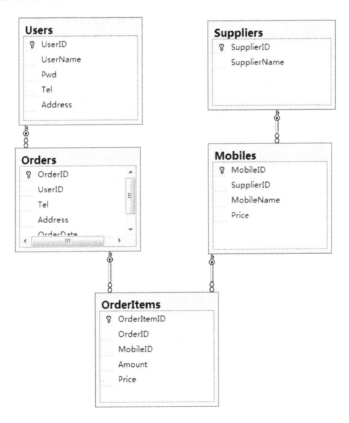

图 1-S-6　数据库关系图

其中：
Mobiles 和 Suppliers 之间通过 SupplierID 进行连接；
Orders 和 Users 之间通过 UserID 进行连接；
OrderItems 和 Orders 之间通过 OrderID 进行连接；

OrderItems 和 Mobiles 之间通过 MobileID 进行连接。

2．创建实训数据库 eShop。

3．创建 eShop 中的表。

4．完成 eShop 中主外键的设计。

5．输入示例数据。

6．理解 eShop 中各表及主外键的含义。

7．若读者不熟悉 SQL Server 数据库的设计，可暂时不做该实训，直接参考本书"配套资源\实训项目"中所带的实训数据库，但希望读者能认真自行完成并理解该数据库的设计。

8．基于该数据库的书籍请参阅《SQL Server 2014 数据库设计开发及应用》（电子工业出版社，曾建华），开发环境为 Visual Studio 2015（C#）+SQL Server 2014。

9．基于该数据库的网上购物系统请参阅《Visual Studio 2010（C#）Web 数据库项目开发》（电子工业出版社，曾建华），开发环境为 Visual Studio 2010（C#）+SQL Server。

"工匠精神"劳动者的素质

对一个国家、一个民族发展至关重要。不论是传统制造业还是新兴产业，工业经济还是数字经济，工匠始终是产业发展的重要力量，工匠精神始终是创新创业的重要精神源泉。

时代发展，需要大国工匠；迈向新征程，需要大力弘扬工匠精神。同学们，加油，认真写好每一行代码！

第2章

主窗体开发

学习目标

　　本章旨在通过创建新的 Windows 窗体应用程序和主窗体的开发，让读者熟悉 Visual Studio 2010 集成开发环境（IDE）的常用元素。Windows 窗体为项目提供了标准 Windows 应用程序用户界面（UI）的各个组件。

　　通过主窗体的开发，我们将学会如何使用菜单、工具栏、状态栏、MDI 窗体。

2.1 项目构成

本章微课视频

2.1.1 创建项目

　　（1）在"文件"菜单中选择"新建项目"命令，弹出"新建项目"对话框，如图 2-1 所示。在"已安装"模板中选择"Visual C#"下的"Windows"，中间部分选择"Windows 窗体应用程序"，将"名称"命名为"Xk"，"位置"读者可自行选择，单击"确定"按钮。

　　（2）新项目初始界面如图 2-2 所示，在"解决方案资源管理器"（若找不到，可在"视图"菜单中选择"解决方案资源管理器"命令）中可以看到新项目包含一个名为 Form1 的新窗体、Program.cs 文件以及属性 Properties 和相关引用。

　　（3）在设计视图和代码视图之间切换。

　　Visual Studio 为项目创建一个按项目名称命名的新文件夹。默认在设计视图中显示标题为 Form1 的新 Windows 窗体。可以随时在该视图和代码视图之间切换，方法是右击设计窗口，然后选择"查看代码"命令可切换到代码视图。类似地，右击代码窗口然后选择"视图设计器"命令，可以切换到设计视图。

图 2-1　新建项目

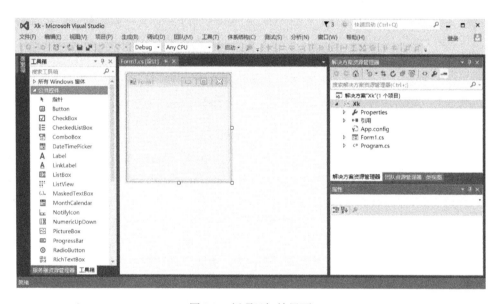

图 2-2　新项目初始界面

在设计视图中看到的 Windows 窗体是在应用程序打开时打开的窗口的可视表示形式。在设计视图中，可以将"工具箱"中的各个控件拖到窗体上；在代码视图中，可以编写我们想要的代码。

（4）改变窗体的大小。

切换到窗体的设计视图，单击窗体的右下角，当指针变为双向箭头时，拖动窗体的角可以改变窗体的大小。

（5）显示属性窗口。

属性窗口的默认位置在 IDE 的右下部，但用户可以根据需要将其移动到其他位置。如果没有显示属性窗口，可选择"视图"菜单中的"属性"命令。属性窗口列出了当前所选的 Windows 窗体或控件的属性，并且用户可以在此处更改现有的值。

下面通过更改 Windows 窗体的标题来认识属性窗口。

① 单击窗体使其处于选中状态。

② 在属性窗口中，向下滚动到"Text"，输入新的文本"学生选课系统"。

③ 按【Enter】或【Tab】键将焦点移出"Text"文本框。

现在，我们可以看到 Windows 窗体顶部的文本（在标题栏区域）已更改。

若要快速更改控件的名称，可以右击相应的控件，然后选择"属性"命令，在打开的属性窗口中修改即可。

2.1.2　认识 Program.cs 文件

在"解决方案资源管理器"中双击"Program.cs"文件，可以看到代码中有如下一句：

```
Application.Run(new Form1());
```

原来我们的系统启动是从这里开始的，表示系统启动后首先运行 Form1（应该说是 Form1 的一个实例）。如果我们需要对系统启动做一些处理，可以修改 Program.cs 文件。

（1）如图 2-3 所示，在"解决方案资源管理器"中右击"Form1.cs"，选择"重命名"命令。

作为一个开发人员，我们应该养成良好的命名习惯，特别是编程中代码涉及的类、变量等的名称。

（2）如图 2-4 所示，输入新的名称"frmMain.cs"。

图 2-3　重命名项目文件

图 2-4　输入新的名称

（3）出现如图 2-5 所示的对话框，提示是否将相关名称的引用改为新名称，单击"是"按钮。

图 2-5　重命名提示对话框

上面这个对话框是什么意思呢？

双击项目中的 Program.cs 文件，代码中有如下一句：

Application.Run(new frmMain());

大家是否记得，这一句原来是这样的：

Application.Run(new Form1());

可以看到，对 Form1 的所有引用自动改成了新的名称 frmMain，而这通常是我们需要的。

2.2　主窗体设计

在 Windows 窗体应用程序中，主窗体通常包括主菜单、工具栏、状态栏等。下面我们就逐一介绍如何使用它们。

2.2.1　主菜单

一个项目都包含许多功能，我们一般按照功能对其进行分组，并以菜单的形式展示给用户操作。

使用主菜单（MenuStrip）控件可以轻松创建类似 Microsoft Office 中那样的菜单，并且我们可以通过添加快捷键、图像和分隔条等来增强菜单的可用性和可读性。

（1）添加菜单。如图 2-6 所示，切换到 frmMain 的设计页面，在"工具箱"的"菜单和工具栏"面板中将"MenuStrip"控件拖放到窗体上。

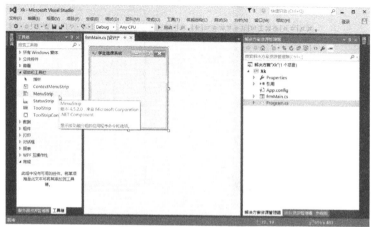

图 2-6　添加 MenuStrip 控件

此控件将在窗体的顶部创建一个默认菜单。

（2）适当调整窗体的大小。根据本系统的功能，先大致设计菜单，如图 2-7 所示。

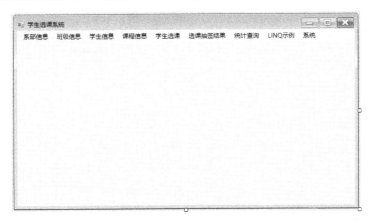

图 2-7 设计菜单

（3）设计菜单图标。如图 2-8 所示，选中"系部信息"菜单，在属性窗口中找到"Image"属性，单击 … 按钮。

（4）如图 2-9 所示，在弹出的"选择资源"对话框中，选中"本地资源"单选按钮，单击"导入"按钮。

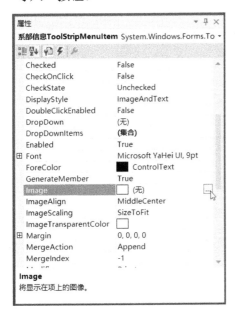

图 2-8 设计菜单的 Image 属性

图 2-9 选择资源

如果选中"项目资源文件"单选按钮，可将资源文件复制到项目的资源文件中，以便于以后操作。

（5）如图 2-10 所示，选择我们需要的资源文件。本书配套的"资源文件"文件夹中有一些图片可供读者选择，当然读者也可自行选择自己喜欢的图片。这里选择"资源文件"文件夹中的"Department"文件，单击"打开"按钮。

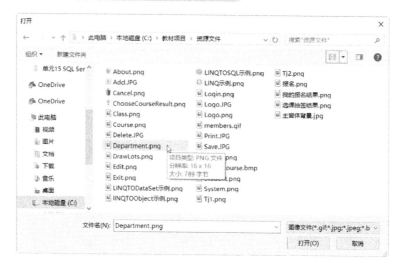

图 2-10　选择资源文件

（6）回到"选择资源"对话框，单击"确定"按钮。

（7）类似地，给各菜单栏指定资源文件，最后完成的菜单如图 2-11 所示。

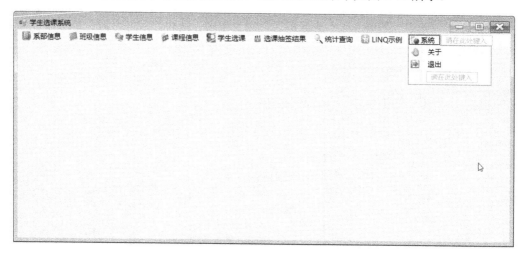

图 2-11　指定 Image 后完成的菜单

（8）现在，读者已完成应用程序的设计阶段，此时可以开始添加一些代码以提供程序的功能。

程序必须具有针对按钮和每个菜单选项的事件处理程序。事件处理程序是用户与控件交互时执行的方法。Visual Studio 自动为用户创建空的事件处理程序。

下面我们来为 MenuStrip 选项添加事件处理程序。

双击"系统"下的"退出"子菜单，系统将自动产生该菜单项的 Click 事件代码框架。如下所示为完成代码。

```
private void 退出ToolStripMenuItem_Click(object sender, EventArgs e)
{
    Close();
}
```

2.2.2　工具栏

使用工具栏（ToolStrip）控件可以创建用于自定义的常用工具栏，让这些工具栏支持高级用户界面和布局功能，如带文本和图像的按钮、下拉按钮等。

（1）添加工具栏。如图 2-12 所示，在"工具箱"的"菜单和工具栏"面板中将"ToolStrip"控件拖放到窗体中。

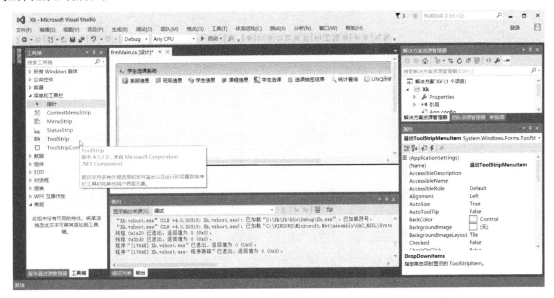

图 2-12　添加 ToolStrip 控件

（2）如图 2-13 所示，单击"ToolStrip"中的下拉按钮，选择"Button"选项。

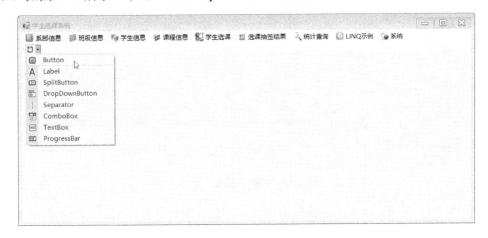

图 2-13　为 ToolStrip 添加 Button

（3）设置刚刚添加的"Button"的 Image 属性，和菜单设置操作类似。这里设置该 Button 的功能为"报名"，所以选择一个和菜单中"报名"一样的图片。

通常在工具栏中放置一些系统常用的功能作为快捷方式。

（4）单击"ToolStrip"中的下拉按钮，选择"Separator"选项，放置一个分隔符。

（5）单击"ToolStrip"中的下拉按钮，选择"Button"选项。将该工具按钮设计成和菜单中的"退出"完成一样的功能。完成后的工具栏如图 2-14 所示。

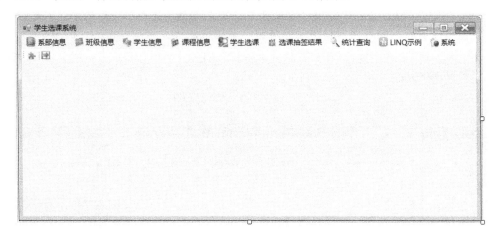

图 2-14　完成后的工具栏

（6）为工具栏按钮指定功能。这里将工具栏上的"退出"按钮指定为和"退出"菜单一样的功能，具体操作如下。

① 如图 2-15 所示，右击工具栏上的"退出"按钮，选择"属性"命令。

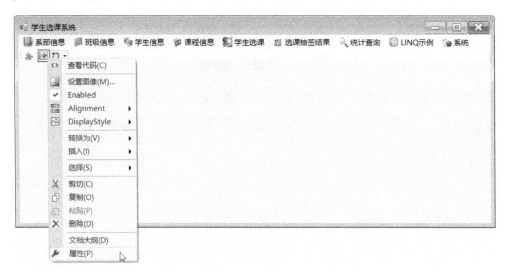

图 2-15　选择"属性"命令

② 如图 2-16 所示，注意图中鼠标的位置，在属性窗口单击 ✎ 按钮，切换到"事件"选项卡。

③ 如图 2-17 所示，在 Click 事件中单击下拉按钮，选择为"退出"工具栏按钮的 Click 事件。通常情况下，为不同的控件执行相同的方法时采用这种操作方式，如这里"退出"菜单项和工具栏的"退出"按钮实现的就是同样的功能。

图 2-16 查看事件

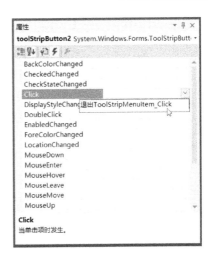
图 2-17 为完成相同功能的工具栏按钮和菜单指定同一事件

2.2.3 状态栏

状态栏（StatusStrip）控件通常用来显示正在窗体上查看的对象的相关信息、与对象在应用程序中的操作相关的上下文信息。

通常，StatusStrip 控件由 ToolStripStatusLabel 对象组成，每个这样的对象都可以显示文本、图标或同时显示这两者。

StatusStrip 还可以包含 ToolStripDropDownButton、ToolStrip SplitButton 和 ToolStripProgressBar 控件。

（1）如图 2-18 所示，在"工具箱"的"菜单和工具栏"面板中将"StatusStrip"控件拖放到窗体中。

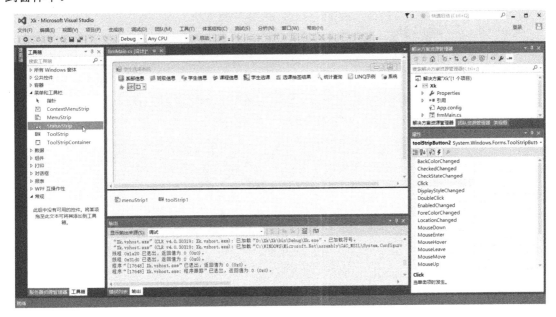
图 2-18 添加 StatusStrip 控件

（2）如图 2-19 所示，单击"StatusStrip"中的下拉按钮，选择"StatusLabel"选项。

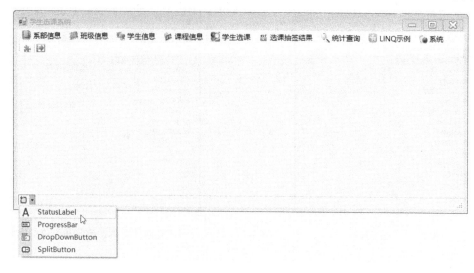

图 2-19　为 StatusStrip 添加 StatusLabel

添加的 ToolStripStatusLabel 默认名称为"toolStripStatusLabel1"。

（3）设置刚刚添加的"toolStripStatusLabel1"属性如下。

Text：项目设计：曾建华 Email：237021692@qq.com

IsLink：True

（4）单击"StatusStrip"中的下拉按钮，选择"StatusLabel"选项，再添加一个 ToolStripStatusLabel，设置属性如下。

Name：LoginInfo

Text：此处以后将显示登录信息

Spring：True

TextAlign：MiddleRight

ForeColor：Blue

完成后的状态栏如图 2-20 所示。

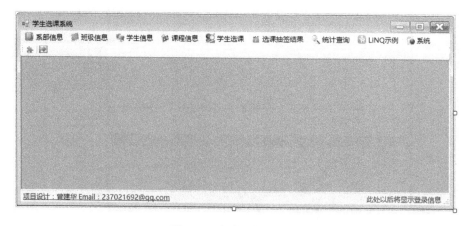

图 2-20　完成后的状态栏

2.2.4 多文档界面应用程序主窗体设计

多文档界面（MDI）应用程序能同时显示多个文档，每个文档显示在各自的窗口中。

（1）确保选中 frmMain，在窗体的空白位置单击即可。如图 2-21 所示，设置 frmMain 窗体的 IsMdiContainer 属性为 True（设置该窗体为多文档界面子窗体的容器）。

（2）如图 2-22 所示，设置 frmMain 窗体的如下属性。

Text：学生选课系统

WindowState：Maximized（设置窗体运行时最大化）

图 2-21　设置 IsMdiContainer 属性

图 2-22　设置 Text、WindowState 属性

（3）设置背景图片。如图 2-23 所示，在 frmMain 的属性窗口中找到"BackgroundImage"属性，单击 ... 按钮。

图 2-23　设置窗体的 BackgroundImage 属性

（4）在弹出的"选择资源"对话框中，选中"本地资源"单选按钮，单击"导入"按钮。

（5）定位到"资源文件"文件夹中的"主窗体背景"，单击"打开"按钮。

（6）回到"选择资源"对话框，单击"确定"按钮。

注 意

设计该属性时看不到该背景的图片效果，运行时可查看效果。

（7）如图 2-24 所示，设置 frmMain 窗体的 BackgroundImageLayout 属性为 Stretch（设置背景图片为拉伸）。

（8）如图 2-25 所示，在 frmMain 的属性窗口中找到 Resize 事件并双击，为其事件编写代码如下：

```
private void frmMain_Resize(object sender, EventArgs e)
{
    this.Invalidate(true);
}
```

图 2-24　设置窗体的 BackgroundImageLayout 属性

图 2-25　编写 Resize 事件

代码说明：当窗体大小变化时强制重绘窗体及其子控件。如果没有该代码，在某些环境下窗体大小变化时可能导致类似图 2-26 所示的花屏。

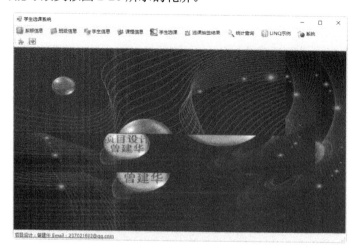

图 2-26　可能出现的花屏情形

（9）运行测试，效果如图 2-27 所示。单击"退出"菜单或工具栏上的"退出"按钮都可退出系统。

图 2-27 主界面完成后的运行效果

至此，基本主框架就搭好了，后面的章节将一步一步地实现每一项菜单的具体功能。

实　训

创建购物系统的主窗体，包括菜单栏、工具栏、状态栏、MDI 窗体。主要功能菜单有：供应商数据维护、手机产品数据维护、购买手机、统计查询等。读者也可自行设计想要的功能菜单或留待后续开发时逐步完善主菜单的功能。

运行效果大致如图 2-S-1 所示，该项目主窗体背景图片使用了基于该数据库的网上购物系统网站首页，有兴趣的读者请参阅《Visual Studio 2010（C#）Web 数据库项目开发》（电子工业出版社，曾建华）。

图 2-S-1 主窗体运行效果

第3章

数据维护窗体开发

学习目标

初步掌握使用类型化数据集。

以系部数据维护为例，学会以 DataGridView 的方式维护单表数据。

以班级数据维护为例，学会在 DataGridView 中使用下拉列表维护带主外键关系表的数据。

以学生数据维护为例，学会使用详细信息的方式维护数据，熟练使用数据绑定类型的下拉列表和固定值的下拉列表，以及 DateTimePicker（日期）控件的使用。

以课程数据维护为例，学会自己控制新增、修改、删除等数据维护方式。

3.1 系部数据维护

3.1.1 创建数据集并添加到系部表

本章微课视频

（1）如图 3-1 所示，在"解决方案资源管理器"中右击 Xk 项目，选择"添加"下的"新建项"命令。

（2）如图 3-2 所示，在"添加新项"对话框中单击"排序依据"右侧的▦按钮，以小图标的方式查看，这样可在下面看到更多的选项。在"已安装"模板中选择"数据"选项，中间部分选择"数据集"选项，输入名称为"dsXk.xsd"，单击"添加"按钮。

（3）添加了新的数据集后，系统切换到如图 3-3 所示的界面，单击"服务器资源管理器"。

（4）如图 3-4 所示，在"服务器资源管理器"中右击"数据连接"，选择"添加连接"命令。

图 3-1　添加新项

图 3-2　添加数据集

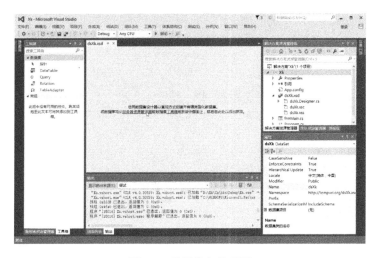

图 3-3　数据集初始界面

（5）如图3-5所示，确保数据源是"Microsoft SQL Server（SqlClient）"。

图3-4　添加连接

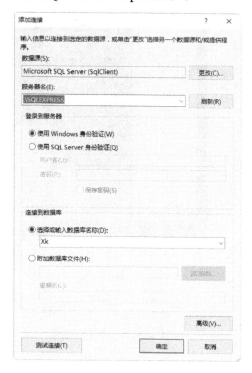

图3-5　添加连接设置

设置对话框中的参数如下。

① 服务器名：输入".\SQLEXPRESS"，读者可根据自己的环境进行调整。

② 选中"使用 Windows 身份验证"单选按钮。

③ 在"选择或输入数据库名称"下拉列表中选择"Xk"选项。

设置完成后单击"确定"按钮。

如果数据源不是"Microsoft SQL Server（SqlClient）"（没有出现如图3-5所示的界面），则单击"更改"按钮，出现如图3-6所示的对话框，选择"Microsoft SQL Server"选项，单击"确定"按钮后将回到如图3-5所示的界面。

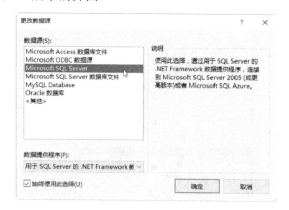

图3-6　更改数据源

（6）在"服务器资源管理器"中展开刚才添加的连接，这里显示为"hand\sqlexpress.Xk.dbo"，其中"hand"为编者的机器名称，读者可能显示的不一样。

（7）如图3-7所示，单击"数据连接"下的"hand\sqlexpress.Xk.dbo"选项，再单击"表"将其展开，将"Department"拖放到数据集的设计界面中。

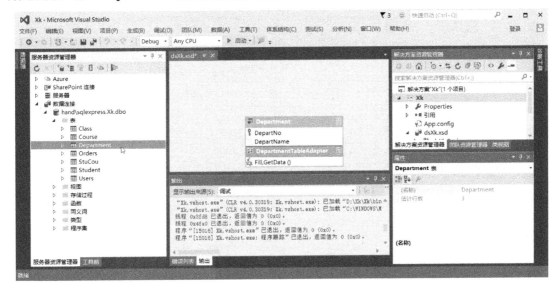

图 3-7　将表拖放到数据集中

3.1.2　设计系部信息窗体并维护数据

（1）如图3-8所示，在"解决方案资源管理器"中右击 Xk 项目，选择"添加"→"Windows 窗体"命令。

图 3-8　选择"Windows 窗体"命令

（2）如图 3-9 所示，默认已经选择了"Visual C#项"下的"Windows 窗体"，在"名称"文本框中输入"frmDepartment.cs"，单击"添加"按钮。

图 3-9　添加名为 frmDepartment 的 Windows 窗体

（3）将窗体拉到适当大小，设置窗体的"Text"属性为"系部信息"。

（4）如图 3-10 所示，选择"视图"→"其他窗口"→"数据源"命令。

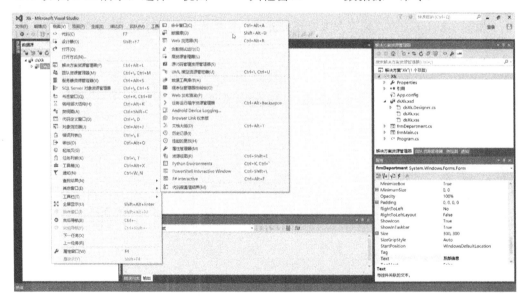

图 3-10　选择"数据源"命令

（5）如图 3-11 所示，在"数据源"中确保 Department 左边的图标为 DataGridView 状态。如果不是，可单击下拉按钮后选择"DataGridView"选项。

图 3-11 确保 Department 左边的图标为 DataGridView 状态

（6）如图 3-12 所示，在"数据源"中拖放"Department"到 frmDepartment 窗体中。

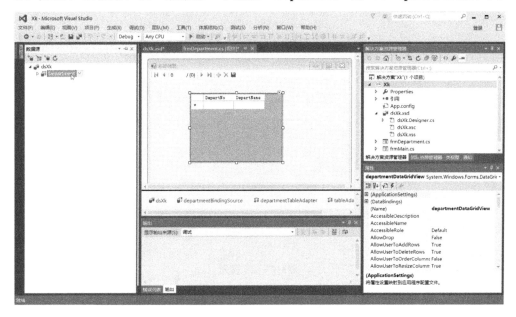

图 3-12 拖放数据源中的表

拖放后，窗体中多了如下控件。

① Xk.dsXk 的一个实例 dsXk。

② 一个 BindingSource，名为 departmentBindingSource。

③ Xk.dsXkTableAdapters.DepartmentTableAdapter 的实例 departmentTableAdapter。

④ Xk.dsXkTableAdapters.TableAdapterManager 的实例 tableAdapterManager。

⑤ 一个 BindingNavigator，名为 departmentBindingNavigator。这个控件在窗体中有两种表现形式，另一种形式就是窗体上方的导航条。

（7）窗体中还自动添加了一些代码，我们切换到该窗体的代码形式来观察一下。

在窗体的 Load 事件中，将根据数据集中的 Fill 方法将数据加载到数据集中，代码如下。

```
private void frmDepartment_Load(object sender, EventArgs e)
{
    // TODO：这行代码将数据加载到表 dsXk.Department 中，用户可以根据需要移动或删除它
    this.departmentTableAdapter.Fill(this.dsXk.Department);
}
```

bindingNavigator1 中的 departmentBindingNavigatorSaveItem 添加了 Click 事件，单击 🖫 按钮时将数据集中数据的变化（包括增、删、改）更新到数据库中。反之，如果不单击"保存"按钮，则数据不会更新到数据库中。"保存"按钮的 Click 事件代码如下。

```
private void departmentBindingNavigatorSaveItem_Click(object sender, EventArgs e)
{
    this.Validate();
    this.departmentBindingSource.EndEdit();
    this.tableAdapterManager.UpdateAll(this.dsXk);
}
```

（8）调整 DataGridView 的列标题，如图 3-13 所示，单击 DataGridView 右上角的小三角按钮，选择"编辑列"选项。

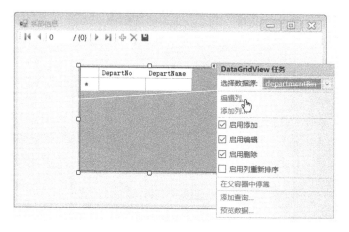

图 3-13　编辑列

（9）如图 3-14 所示，在左侧选定的列中选择"DepartNo"，在右侧绑定的属性中，设置"HeaderText"为"系部代码"。我们可以看一下 DataPropertyName 属性已设为"DepartNo"，实际上显示表中的哪一列数据就是由该属性决定的。

图 3-14　编辑列标题

类似地，将 DepartName 的"HeaderText"设置为"系部名称"，单击"确定"按钮。

（10）在主窗体中加入调用 frmDepartment 窗体的代码。如图 3-15 所示，在"解决方案资源管理器"中双击"frmMain"，打开该窗体的设计界面。双击"系部信息"菜单，将生成该菜单的 Click 事件框架。

图 3-15　双击菜单生成其 Click 事件框架

（11）编写"系部信息"菜单的 Click 事件代码如下。

```
private void  系部信息 ToolStripMenuItem_Click(object sender, EventArgs e)
{
    frmDepartment f =new frmDepartment();
    f.MdiParent = this;
    f.Show();
}
```

关于 f.MdiParent = this 的说明：如果创建 MDI 子窗体，则需将要成为 MDI 父窗体的 Form 分配给该子窗体的 MdiParent 属性。此处我们的 MDI 子窗体是 frmDepartment 的实例，父窗体是 frmMain 的实例，即 this。

注　意

一定要记得将父窗体（frmMain）的 IsMdiContainer 属性设置为 True，否则运行时会出错。

（12）按【F5】键运行项目，在主窗体中单击"系部信息"菜单，运行效果如图 3-16 所示。

（13）在不违反数据库相关约束规则的前提下，可做如下测试。

① 添加一条记录，单击"保存"按钮，在数据库中验证是否加入了该数据。

② 修改刚添加的记录，单击"保存"按钮，在数据库中验证是否修改了该数据。

③ 删除刚添加的记录，单击"保存"按钮，在数据库中验证是否删除了该数据。

图 3-16　系部信息的运行效果

3.2　班级数据维护

3.2.1　修改数据集并添加到班级表

（1）如图 3-17 所示，在"解决方案资源管理器"中双击"dsXk.xsd"项目编辑数据集。

图 3-17　编辑数据集

（2）如图 3-18 所示，在"服务器资源管理器"（如果看不到，可单击"视图"菜单下的"服务器资源管理器"命令）中展开"数据连接"下的"hand\sqlexpress.Xk.dbo"，展开"表"，将"Class"拖放到数据集的设计界面中。

（3）系统将根据数据库中主外键的关系在数据集中添加对应的关系。

在这里可以看到数据集的 Class 数据表和 Department 数据表之间有一个箭头，双击箭头可查看该关系的详细设置，如图 3-19 所示。

尽管数据集和数据库之间通常是具备对应关系的，但两者之间是可以独立设计的。当然，通常我们不需要这样做。

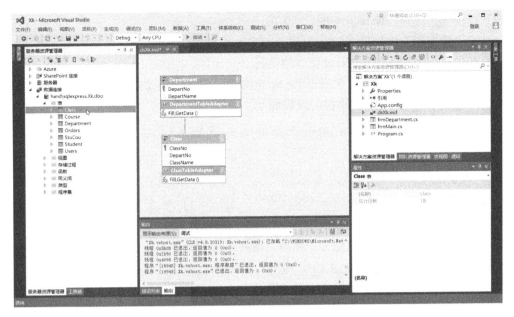

图 3-18　将 Class 表拖放到数据集中

图 3-19　数据集中表之间的关系

3.2.2　设计班级信息窗体并维护数据

（1）在项目中添加新的 Windows 窗体，命名为"frmClass"。

（2）将窗体拉到适当大小，设置窗体的 Text 属性为"班级信息"。

（3）打开"数据源"，如果看不到，可选择"视图"→"其他窗口"→"数据源"命令。

（4）在"数据源"中确保 Class 左边的图标为 DataGridView 状态。如果不是，可单击 Class

右侧的下拉按钮，选择"DataGridView"选项。

（5）在"数据源"中拖放"Class"到 frmClass 窗体中。

（6）在主窗体中加入调用 Class 窗体的代码。

在"解决方案资源管理器"中双击 frmMain 项目，打开该窗体的设计界面。双击"班级信息"菜单，为该菜单编写 Click 事件，代码如下。

```
private void 班级信息 ToolStripMenuItem_Click(object sender, EventArgs e)
{
    frmClass f = new frmClass();
    f.MdiParent = this;
    f.Show();
}
```

（7）在主窗体中单击"班级信息"菜单，现在的运行效果如图 3-20 所示。

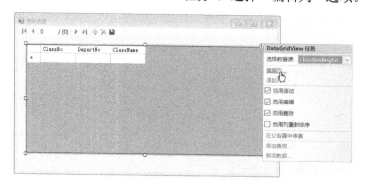

图 3-20 班级信息的运行效果

下面我们进一步完善系统。班级所在的系部现在显示的是系部代码，如果显示为对应的系部名称，这样用户才感觉更直观。修改数据时，挑选已有的系部名称也比直接输入系部代码方便，而且也不会出错，下面我们就将做这方面的改进。

（8）如图 3-21 所示，单击"DataGridView 任务"，选择"编辑列"选项。

图 3-21 编辑列

（9）如图 3-22 所示，在左侧选定的列中选择"DepartNo"，在右侧绑定的属性中，设置"ColumnType"为"DataGridViewComboBoxColumn"，表明该列显示为下拉列表。

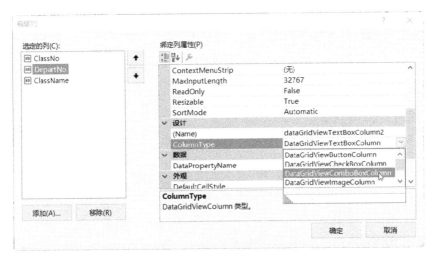

图 3-22　设置列显示为下拉列表

（10）如图 3-23 所示，设置"DataSource"为"Department"。

图 3-23　设置 DataSource

如图 3-24 所示，经过这样的操作，从图中间最下方可以看到，系统自动添加了一个
departmentBindingSource 控件。

再次单击"DataSource"下拉按钮时选择"departmentBindingSource"选项即可。如果继续
像图 3-23 那样操作的话，系统会再添加一个类似 departmentBindingSource 的控件，这样不太
好。

（11）如图 3-25 所示，设置"DisplayMember"为"DepartName"。

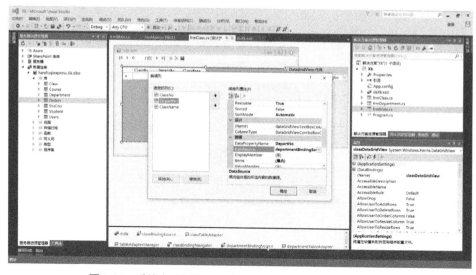

图 3-24   系统自动添加了一个 departmentBindingSource 控件

图 3-25   设置 DisplayMember

（12）如图 3-26 所示，设置"ValueMember"为"DepartNo"。

图 3-26   设置 ValueMember

以上几步操作的意思是：下拉列表中将显示为系部名称，系部表中有很多系部，系统将根据班级表中的 DepartNo 在 Department 表中找到对应的 DepartName 显示出来；更新数据时，也会将下拉列表中我们看到的 DepartName 对应的 DepartNo 更新到 Class 表中。

（13）调整列标题分别为"班级代码"、"所在系部"、"班级名称"，如图 3-27 所示。

图 3-27　设置列标题

（14）如图 3-28 所示，读者可自行设置各列的宽度，即"Width"属性的值。

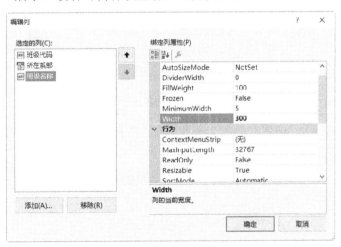

图 3-28　设置列宽

需要注意的是，DataGridView 中列的宽度不能通过拖拉的方式进行调整。

（15）如图 3-29 所示，设置"所在系部"的"DisplayStyle"为"Nothing"。此样式在浏览时为普通的文本框，进入编辑模式时变为下拉列表框。

默认的"DropDownButton"则不管是浏览还是编辑时都显示为下拉列表框。

编者认为设为"Nothing"的情形更多一些。

（16）单击"确定"按钮完成列的设置。

（17）在主窗体中单击"班级信息"菜单，现在的运行效果如图 3-30 所示，可以看到"所在系部"列显示为文本。

图 3-29　设置 DisplayStyle

图 3-30　"班级信息"窗体的运行效果

（18）如图 3-31 所示，随便在一个数据行单击"所在系部"下的单元格，可以看到出现下拉按钮，以让用户在下拉列表中选择新的值。

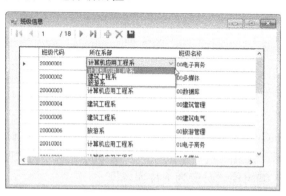

图 3-31　"所在系部"列编辑单元格时显示为下拉列表框

（19）在不违反数据库相关约束规则的前提下，可做如下测试。

① 添加一条班级记录，其中系部可在下拉列表中进行选择，单击"保存"按钮，在数据库中验证是否加入了该数据。验证一下 DepartNo 是否为下拉列表中选择的 DepartName 对应的

DepartNo。

② 修改刚添加的记录，单击"保存"按钮，在数据库中验证是否修改了该数据。

③ 删除刚添加的记录，单击"保存"按钮，在数据库中验证是否删除了该数据。

3.3 学生数据维护

3.3.1 修改数据集并添加到学生表

（1）在"解决方案资源管理器"中双击"dsXk.xsd"编辑数据集。

（2）在"服务器资源管理器"中展开"数据连接"下的"hand\sqlexpress.Xk.dbo"，展开"表"，将"Student"拖放到数据集的设计界面中。

3.3.2 设计学生信息窗体并维护数据

（1）在项目中添加新的 Windows 窗体，命名为"frmStudent"。

（2）将窗体拉到适当大小，设置窗体的"Text"属性为"学生信息"。

（3）打开"数据源"，如果看不到，选择"视图"→"其他窗口"→"数据源"命令。

（4）如图 3-32 所示，在"数据源"中确保 Student 左边的图标为详细信息状态。如果不是，可单击下拉按钮后选择"详细信息"选项。

（5）在"数据源"中拖放"Student"到 frmStudent 窗体中。如图 3-33 所示，可以看到窗体中没有 DataGridView，而是以 TextBox 的方式来显示和操作数据。这就是在"数据源"中将 Student 设置为"DataGridView"和"详细信息"的区别。

图 3-32 设置 Student 为"详细信息"方式　　图 3-33 设置 Student 为"详细信息"方式拖放后生成的窗体

（6）在主窗体中加入调用 Student 窗体的代码。在"解决方案资源管理器"中双击"frmMain"，打开该窗体的设计界面。双击"学生信息"菜单，为该菜单编写 Click 事件，代码如下。

```
private void 学生信息 ToolStripMenuItem_Click(object sender, EventArgs e)
{
    frmStudent f = new frmStudent();
    f.MdiParent = this;
```

Visual Studio 2015（C#）Windows数据库项目开发

```
        f.Show();
    }
```

图 3-34　Student 窗体的运行效果

（7）运行程序，在主窗体中单击"学生信息"菜单，现在的运行效果如图 3-34 所示。

学生所在的班级应该显示为"班级名称"，这样的界面比较友好，修改时，从"班级名称"里挑选一个班级也比直接输入班级代码方便，而且不会出错。下面我们将做这方面的改进。

（8）结束程序运行，切换到 Student 窗体的设计界面，如图 3-35 所示，将 Class No 右侧的 TextBox 删除，从"工具箱"的"公共控件"面板中拖放一个 ComboBox 到 Class No 右侧。

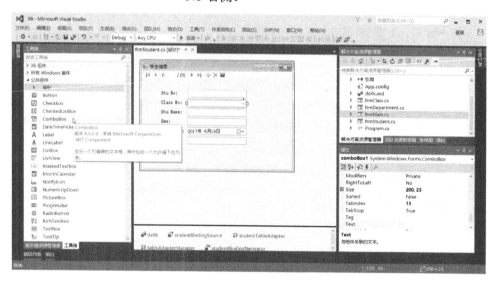

图 3-35　拖放一个 ComboBox 用于显示学生所在班级的信息

（9）如图 3-36 所示，设置新添加的 ComboBox 的 DropDownStyle 属性值为"DropDownList"，使下拉列表只可选择，而不允许输入。

（10）如图 3-37 所示，单击 ComboBox 任务，选中"使用数据绑定项"复选框。

图 3-36　设置 ComboBox 的 DropDownStyle 属性值

图 3-37　选中"使用数据绑定项"复选框

（11）如图 3-38 所示，设置"数据源"为"Class"。

如果已经这样操作过，系统将自动添加 classBindingSource 控件，再次在下拉列表中选择时，选择 classBindingSource 选项即可。

（12）如图 3-39 所示，设置"显示成员"为"ClassName"。

图 3-38 设置数据源

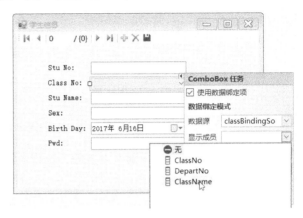

图 3-39 设置显示成员

（13）如图 3-40 所示，设置"值成员"为"ClassNo"。

（14）如图 3-41 所示，设置"选定值"为"studentBindingSource"下的"ClassNo"。

图 3-40 设置值成员

图 3-41 设置选定值

以上几步操作的意思为：下拉列表中将显示为班级名称，班级表中有很多班级，最终显示的班级，是学生表中的 ClasstNo 在 Class 表中找到的对应 ClassName。

更新数据时，也会将下拉列表中 ClassName 对应的 ClassNo 更新到 Student 表中。

（15）如图 3-42 所示，调整各 Label 的 Text 属性，使界面更为友好。

图 3-42　调整 Label 的 Text 属性

（16）继续改进，将"性别"设置为下拉列表，以便在下拉列表中选择"男"或"女"选项，这样比直接输入方便。

（17）如图 3-43 所示，将"性别"右侧的 TextBox 删除，从"工具箱"的"公共控件"面板中拖放一个 ComboBox 到"性别"右侧。

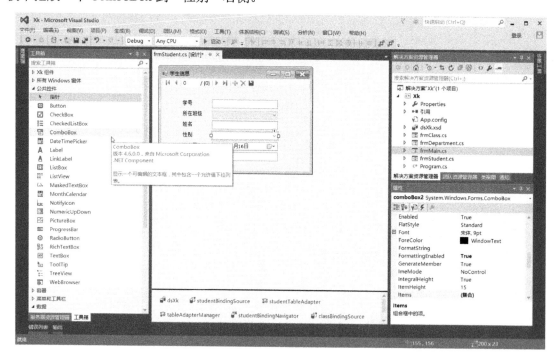

图 3-43　放置"性别"下拉列表

（18）设置 DropDownStyle 属性值为"DropDownList"，使下拉列表只可选择，而不允许输入。

（19）如图 3-44 所示，单击"ComboBox 任务"，选择"编辑项"选项。

（20）如图 3-45 所示，输入两行文字，分别为"男"、"女"，单击"确定"按钮。

（21）如图 3-46 所示，选中"性别"下拉列表，查看其属性，展开 DataBindings，设置"SelectedItem"属性为"studentBindingSource"下的"Sex"。

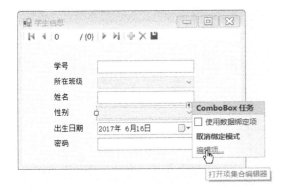

图 3-44 选择"编辑项"选项

图 3-45 编辑"性别"项

图 3-46 绑定"性别"数据项

（22）调整日期格式，如图 3-47 所示，选中"出生日期"旁的 DateTimePicker 控件，设置 Format 属性为"Custom"、CustomFormat 属性为"yyyy-MM-dd"，表示 4 位年、2 位月、2 位日的格式。

（23）运行程序，在主窗体中单击"学生信息"菜单，现在的运行效果如图 3-48 所示。

（24）在不违反数据库相关约束规则的前提下，可做如下测试。

① 添加一条学生记录，其中"所在班级"可在下拉列表中进行选择，单击"保存"按钮，在数据库中验证是否加入了该数据。验证一下 ClasstNo 是否为下拉列表中选择的班级名称对应的 ClassNo。

② 修改刚添加的记录，单击"保存"按钮，在数据库中验证是否修改了该数据。

③ 删除刚添加的记录，单击"保存"按钮，在数据库中验证是否删除了该数据。

图 3-47　调整日期格式

图 3-48　学生信息窗体的最终运行效果

3.4　课程数据维护

3.4.1　设计课程信息窗体

（1）在"解决方案资源管理器"中双击"dsXk.xsd"编辑数据集。

（2）在"服务器资源管理器"中展开"数据连接"下的"hand\sqlexpress.Xk.dbo"，展开"表"，将"Course"拖放到数据集的设计界面中。

图 3-49　设置 Course 为"详细信息"方式

（3）在项目中添加新的 Windows 窗体，命名为"frmCourse"。

（4）将窗体拉到适当大小，设置窗体的 Text 属性为"课程信息"。

（5）打开"数据源"，如果看不到，选择"视图"→"其他窗口"→"数据源"命令。

（6）如图 3-49 所示，在"数据源"中确保 Course 左边的图标为"详细信息"状态，如果不是，可单击下拉按钮后选择"详细信息"选项。

（7）在"数据源"中拖放"Course"到 frmCourse 窗体中。

（8）在主窗体中加入调用课程信息窗体的代码。在"解决方案资源管理器"中双击"frmMain"，打开该窗体的设计界面。双击"课程信息"菜单，为该菜单编写 Click 事件，代码如下。

```
private void 课程信息.ToolStripMenuItem_Click(object sender, EventArgs e)
{
    frmCourse f = new frmCourse();
    f.MdiParent = this;
    f.Show();
}
```

（9）切换到 frmCourse 的设计界面，如图 3-50 所示，调整各 Label 的 Text 属性，使界面更为友好。

（10）在主窗体中单击"课程信息"菜单，运行效果如图 3-51 所示。

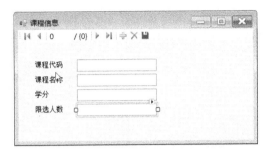

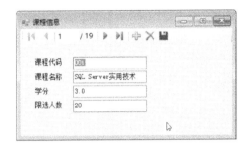

图 3-50 调整各 Label 的 Text 属性　　　　图 3-51 课程信息窗体的运行效果

3.4.2 维护课程数据

（1）删除 courseBindingNavigator 中的 ✛ 、 ✕ 、 🖫 按钮。如图 3-52 所示，右击相应图标，选择"删除"命令即可。

图 3-52 删除 courseBindingNavigator 中的按钮

我们保留前后导航的命令，以便自己控制增、删、改等操作。

（2）为方便后面代码控制，我们将窗体上的 Label 和 TextBox 控件都放入一个 GroupBox 控件中。

在"工具箱"的"容器"面板中将"GroupBox"控件拖放到窗体中。调整一下大小，使其能容纳准备放进来的控件。设置 GroupBox 的 Text 属性为空（清除掉原内容），将 Name 属性设置为"gbEdit"，现在的界面如图 3-53 所示。

（3）如图 3-54 所示，将相关的 Label 和 Text 拖放到 GroupBox 中，并适当调整 GroupBox 及窗体的大小和位置。

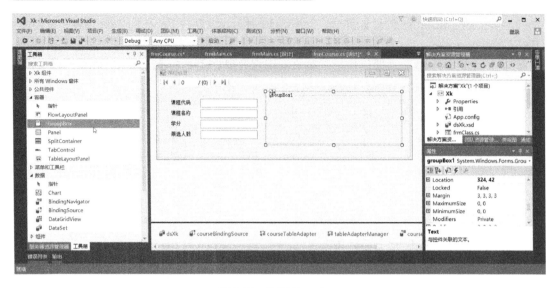

图 3-53　放置 GroupBox

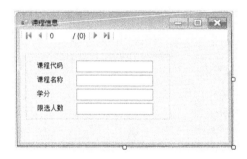

图 3-54　将 Label 和 Text 拖放到 GroupBox 中

（4）在"工具箱"的"菜单和工具栏"面板中，将"ToolStrip"控件拖放到窗体中。

（5）如图 3-55 所示，单击"ToolStrip 任务"标志，设置其 Dock 属性为"Bottom"。

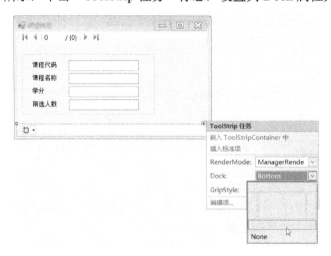

图 3-55　设置 ToolStrip 的 Dock 属性为"Bottom"

（6）将该 ToolStrip 的 Name 属性设置为 "tsControl"。

（7）如图 3-56 所示，在 ToolStrip 中添加 5 个 Button。

（8）将 5 个 Button 的 Text 属性分别指定为 "新增"、"修改"、"删除"、"保存"、"放弃"。

（9）为 ToolStrip 中新添加的 5 个 Button 指定 Image，读者可在资源文件夹中找一些图片，也可指定为自己喜欢的图片。

（10）将 5 个 Button 的 DisplayStyle 属性都设置为 "ImageAndText"。

（11）将 5 个 Button 的 Name 属性分别设置为 tsbInsert、tsbEdit、tsbDelete、tsbSave、tsbCancel。

（12）将 "保存"、"放弃" 两个 Button 的 Enabled 属性设置为 "False"。

这 5 个按钮以后将分别完成新增、修改、删除、保存、放弃的任务，现在设计好的界面如图 3-57 所示。

图 3-56　在 ToolStrip 中添加 5 个 Button

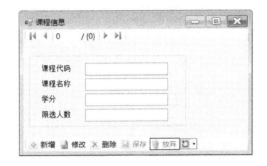

图 3-57　添加增删改等按钮

（13）将 GroupBox（gbEdit）中的 4 个 TextBox（couNoTextBox、couNameTextBox、creditTextBox、limitNumTextBox）的 ReadOnly 属性都设置为 "True"，表示最开始课程代码、课程名称、学分、限选人数都设置为只读状态。

（14）切换到代码页，编写自定义方法 ChangeEnabledState。

该方法将数据导航条、新增、修改、删除、保存、放弃的 Enabled 状态取反；将 GroupBox（gbEdit）中的 4 个 TextBox 的 ReadOnly 状态取反，即原来为 "True" 的将变为 "False"，原来为 "False" 的将变为 "True"。

```
private void ChangeEnabledState()
{
    courseBindingNavigator.Enabled = !courseBindingNavigator.Enabled;

    foreach (ToolStripItem b in tsControl.Items)
    {
        b.Enabled = !b.Enabled;
    }

    foreach (Control c in gbEdit.Controls)
```

```
    {
        if (c is TextBox)
            ((TextBox)c).ReadOnly = !((TextBox)c).ReadOnly;
    }
}
```

（15）双击"新增"按钮，生成 Click 事件框架，为其编写代码如下。

```
private void tsbInsert_Click(object sender, EventArgs e)
{
    ChangeEnabledState();

    courseBindingSource.AddNew();

    couNoTextBox.Focus();
}
```

本段代码功能如下。

① 切换 Enabled 状态。

② 调用 courseBindingSource 的 AddNew 方法，在数据集中添加一条新的数据行。

③ 将光标定位到"课程代码"文本框中。

（16）类似地，为"修改"按钮编写其 Click 事件代码如下。

```
private void tsbEdit_Click(object sender, EventArgs e)
{
    ChangeEnabledState();

    couNoTextBox.Focus();
}
```

本段代码功能如下。

① 切换 Enabled 状态，这样就可以修改当前数据行的数据了。

② 将光标定位到"课程代码"文本框中。

（17）为"保存"按钮编写其 Click 事件代码如下。

```
private void tsbSave_Click(object sender, EventArgs e)
{
    ChangeEnabledState();

    this.Validate();

    this.courseBindingSource.EndEdit();

    this.tableAdapterManager.UpdateAll(this.dsXk);
}
```

本段代码功能如下。

① 切换 Enabled 回到原来的状态。

② 验证数据的合法性。

③ 结束编辑。

④ 将数据集中的数据更新到数据库中。

（18）为"放弃"按钮编写其 Click 事件代码如下。

```
private void tsbCancel_Click(object sender, EventArgs e)
{
    ChangeEnabledState();

    this.courseBindingSource.CancelEdit();
}
```

本段代码功能如下。

① 切换 Enabled 回到原来的状态。

② 取消所做的修改。

（19）为"删除"按钮编写其 Click 事件代码如下。

```
private void tsbDelete_Click(object sender, EventArgs e)
{
    if (courseBindingSource.Current != null)
    {
        if (MessageBox.Show("确实要删除吗?", "确认"
          ,MessageBoxButtons.YesNo
          ,MessageBoxIcon.Question) == DialogResult.Yes)
        {
            courseBindingSource.RemoveCurrent();
            this.tableAdapterManager.UpdateAll(this.dsXk);
        }
    }
}
```

本段代码功能如下。

① 先判断当前是否有数据，如果有，再询问用户是否确认，如果确认，则移除当前行。

② 将数据集的变化更新到数据库中。

（20）运行程序，在主窗体中单击"课程信息"菜单，运行效果如图 3-58 所示。

（21）在不违反数据库相关约束规则的前提下，可做如下测试。

① 单击"新增"按钮，如图 3-59 所示，注意相关控件的 Enabled 或 ReadOnly 状态发生了变化。我们就是以此来控制用户的操作方式的。

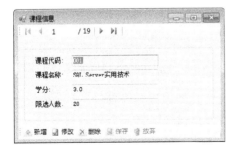

图 3-58　课程信息运行效果

图 3-59　添加数据

② 自行录入测试数据，单击"保存"按钮，在数据库中验证是否加入了该数据。注意各控件的 Enabled 状态回到了原来的状态。

③ 单击"修改"按钮修改数据，单击"保存"按钮，在数据库中验证是否修改了该数据。

④ 单击"删除"按钮，单击"是"确认删除，在数据库中验证是否删除了该数据。

实　训

1. 在 DataGridView 中以维护单表数据的方式设计 Suppliers 表的数据维护窗体，运行效果如图 3-S-1 所示。

2. 使用 DataGridView 的方式设计 Mobiles 表的数据维护窗体，其中供应商以下拉列表方式进行维护，运行效果如图 3-S-2 所示。

3. 使用详细信息的方式设计 Mobiles 表的数据维护窗体，运行效果如图 3-S-3 所示。

4. 以自己控制新增、修改、删除的数据维护方式设计 Mobiles 表的数据维护窗体，运行效果如图 3-S-4 所示。

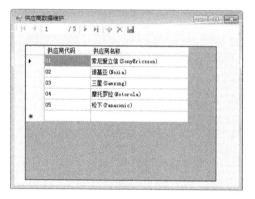
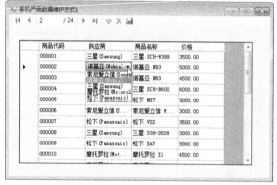

图 3-S-1　Suppliers 表的数据维护窗体运行效果　　图 3-S-2　Mobiles 表的数据维护窗体运行效果（1）

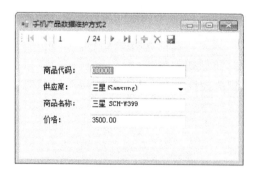
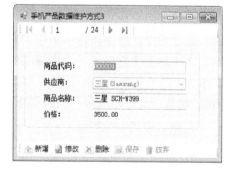

图 3-S-3　Mobiles 表的数据维护窗体运行效果（2）　　图 3-S-4　Mobiles 表的数据维护窗体运行效果（3）

说明：2、3、4 题都是维护 Mobiles 表的数据，这里以练习为目的，实际使用中当然只需开发其中一个即可。

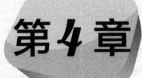

第4章

系统登录及权限管理

学习目标

全局变量的应用，启动窗体的设置，开发登录验证窗体以及权限的控制。

4.1 系统登录

本章微课视频

Xk 数据库中有一张名为 Users 的表，该表中存储的是管理员的信息。

若以管理员身份登录，则使用 Users 表的用户号（UserID）和密码（Pwd）作为验证信息。

若以学生身份登录，则使用 Student 表的学号（StuNo）和密码（Pwd）作为验证信息。

4.1.1 设计登录窗体

（1）在"解决方案资源管理器"中右击 Xk 项目，选择"添加"下的"Windows 窗体"命令。

（2）设置窗体的属性如下。

Name：frmLogin

Text：登录系统

FormBorderStyle：FixedDialog（窗体边界样式，不可改变窗体大小）

MaximizeBox：False（不显示最大化按钮）

MinimizeBox：False（不显示最小化按钮）

StartPosition：CenterScreen（窗体启动后显示在屏幕中间）

（3）如图 4-1 所示，放入：

1 个 PictureBox；

2 个 Label；

2 个 TextBox；

2 个 Button；

1 个 CheckBox 控件。

图 4-1　登录窗体

（4）各个控件的 Text 属性可以从图 4-1 中看出来，这里就不再叙述了。

（5）将"请输入用户名"右侧的 TextBox 的 Namee 属性设置为"txtID"。

（6）将"请输入密码"右侧的 TextBox 的 Name 属性设置为"txtPwd"。PasswordChar 属性设置为"*"。

（7）设置 txtID 文本框的 Text 属性为"001"，txtPwd 文本框的 Text 属性为"123"，这是管理员之一的用户名和密码。

这是为了运行测试时的方便，免得每次测试时都去输入用户名和密码，故做此设置。注意：实际开发中是不需要也不能这样设置的。

（8）设置"登录"Button 的 Name 属性为"btnLogin"。

（9）设置"退出"Button 的 Name 属性为"btnExit"。

（10）设置 PictureBox 和两个 Button 的 Image 属性，适当美化一下界面。

（11）设置两个 Button 的 ImageAlign 属性为"MiddleLeft"。

（12）将"管理员"CheckBox 的 Name 属性设置为"cbIsManager"、Checked 属性设置为"True"。当该复选框选中时，表示以管理员身份登录，否则以学生身份登录。

4.1.2　编写静态类供全局使用

在"解决方案资源管理器"中右击 Xk 项目，选择"添加"下的"类"，名称输入为"CPublic.cs"。这个类我们设计为静态的，用于存放一些全局变量，如登录用户的信息。

下面来说明我们写了哪些代码。

（1）引入名称空间。

```
using System.Data;
using System.Data.SqlClient;
```

（2）在 class CPublic 中声明一个静态变量。

```
public static DataRow LoginInfo;
```

LoginInfo 变量用于保存用户信息，如学号、姓名等，编者将其设计成 DataRow 类型，这样使用起来方便，比如 LoginInfo["StuNo"]表示学号，LoginInfo["StuName"]表示姓名，而不用声明多个变量。

（3）在 class CPublic 中声明一个布尔静态变量 isManager 用来识别用户的登录身份是管理员还是学生，为 True 表示管理员，为 False 表示学生。

```
public static bool isManager;
```

（4）在 class CPublic 中声明两个静态方法。

```
public static void CheckUsers(string UserID, string Pwd)
```

该方法根据参数传入的用户号、密码和 Users 表中的信息进行验证，如果验证正确，给 LoginInfo 赋予登录用户的值，否则 LoginInfo 为空。

```
public static void CheckStudent(string StuNo, string Pwd)
```

该方法根据参数传入的学号、密码和 Student 表中的信息进行验证，如果验证正确，给 LoginInfo 赋予登录用户的值，否则 LoginInfo 为空。

后续我们编程的时候就可以根据 LoginInfo 是否为空来判断用户是否正确登录。

最后该类的代码如下。

```
using System;
using System.Collections.Generic;
using System.Linq;
using System.Text;
using System.Data;
using System.Data.SqlClient;
namespace Xk
{
    class CPublic
    {
        public static DataRow LoginInfo;
        public static bool isManager;
        public static void CheckUsers(string UserID, string Pwd)
        {
            SqlConnection cn = new SqlConnection(Properties.Settings. Default.XkConnectionString);
            SqlDataAdapter da = new SqlDataAdapter("SELECT * FROM Users WHERE
UserID=@UserID AND Pwd=@Pwd", cn);
            da.SelectCommand.Parameters.Add("@UserID", SqlDbType.NVar Char,8). Value = UserID;
            da.SelectCommand.Parameters.Add("@Pwd", SqlDbType.NVarChar, 8).Value = Pwd;
            DataSet ds = new DataSet();
            da.Fill(ds);
            if (ds.Tables[0].Rows.Count > 0)
            {
                LoginInfo = ds.Tables[0].Rows[0];
                isManager = true;
```

```
        }
        else
            LoginInfo = null;
    }
    public static void CheckStudent(string StuNo, string Pwd)
    {
        SqlConnection cn = new SqlConnection(Properties.Settings.Default. XkConnectionString);
        SqlDataAdapter da = new SqlDataAdapter("SELECT * FROM Student WHERE
StuNo=@StuNo AND Pwd=@Pwd", cn);
        da.SelectCommand.Parameters.Add("@StuNo", SqlDbType.NVarChar, 8).Value = StuNo;
        da.SelectCommand.Parameters.Add("@Pwd", SqlDbType.NVarChar, 8).Value = Pwd;
        DataSet ds = new DataSet();
        da.Fill(ds);
        if (ds.Tables[0].Rows.Count > 0)
        {
            LoginInfo = ds.Tables[0].Rows[0];
            isManager = false;
        }
        else
            LoginInfo = null;
    }
}
}
```

图4-2 查看属性设置

关于 Properties.Settings.Default.XkConnectionString 的说明，该语句从项目的设置中读取和数据库连接的连接字符串。如图4-2所示，在"解决方案资源管理器"中展开"Properties"，双击"Settings.settings"项可进行查看。

如图4-3所示，可以看到连接字符串的具体值，这实际上是前面章节操作时系统自动添加的。连接字符串统一写在这里的好处是：如果我们需要修改，只需在这一个地方进行修改，起到方便系统维护的作用。

比如我们换了一台机器，数据库是放在默认实例下，而不是 SQLEXPRESS 实例下，那我们可以修改连接字符串的值。注意图4-3中阴影所指的位置。这里我们无须修改，只是向读者说明此用法。

图4-3 连接字符串

4.1.3　编写登录相关代码

（1）回到 Login 窗体的设计界面，双击"登录"按钮，为其编写 Click 事件。

根据是否选中"管理员"复选框来确定是调用 CPublic 类中的 getUsers 方法还是 getStudent 方法，参数的值就是两个文本框中的值。

然后根据 LoginInfo 变量的值是否为空来确定逻辑，如果为空，表示验证未通过，给出错误提示（窗体不关闭，可以继续输入）；如果不为空，表示验证通过，关闭登录窗体。

代码如下。

```
private void btnLogin_Click(object sender, EventArgs e)
{
    if (cbIsManager.Checked)
        CPublic.CheckUsers(txtID.Text, txtPwd.Text);
    else
        CPublic.CheckStudent(txtID.Text, txtPwd.Text);

    if (CPublic.LoginInfo == null)
        MessageBox.Show("密码错误！", "登录", MessageBoxButtons.OK, MessageBoxIcon.Information);
    else
        Close();
}
```

（2）双击"退出"按钮，为其编写 Click 事件代码，即关闭登录窗体，代码如下。

```
private void btnExit_Click(object sender, EventArgs e)
{
    Close();
}
```

登录的流程一般都是系统运行时启动登录窗体，用户验证后才运行主窗体（本书为 frmMain），那我们是如何实现的呢？

在"解决方案资源管理器"中双击"Program.cs"，将

```
Application.Run(new frmMain());
```

改写为

```
Application.Run(new frmLogin());
if (CPublic.LoginInfo != null)
    Application.Run(new frmMain());
```

改写后代码如下。代码逻辑为：先运行 Login 登录窗体，然后根据 CPublic.LoginInfo 是否为空来判断是否正确登录，也就决定了是否运行主窗体 frmMain。

```
using System;
using System.Collections.Generic;
using System.Linq;
using System.Windows.Forms;
namespace Xk
{
    static class Program
```

```
    {
        /// <summary>
        /// 应用程序的主入口点
        /// </summary>
        [STAThread]
        static void Main()
        {
            Application.EnableVisualStyles();
            Application.SetCompatibleTextRenderingDefault(false);
            Application.Run(new frmLogin());
            if (CPublic.LoginInfo != null)
                Application.Run(new frmMain());
        }
    }
}
```

（3）运行该程序，其结果如图 4-4 所示。如果输入的用户名、密码不正确，将给出提示信息后要求重新输入。

图 4-4　登录系统

（4）确保输入正确的管理员用户名和密码，如用户名为"001"、密码为"123"，选中"管理员"复选框，单击"登录"按钮，以管理员身份登录，登录后如图 4-5 所示。

图 4-5　登录后的主界面

（5）确保输入正确的学生用户名和密码，如用户名为"00000001"、密码为"123"，取消选中"管理员"复选框，单击"登录"按钮，以学生身份登录。

可以看到，现在以管理员身份和学生身份登录后没有什么区别：两种身份都可以使用所有的菜单项。

4.2 权限管理

4.2.1 登录信息

先介绍一下如何实现在登录后的主界面显示欢迎用户的信息。

（1）打开 frmMain 的设计界面。回顾一下窗体右下角，状态栏里有一个 Label 名为 LoginInfo，该控件是预留用来显示登录信息的。

（2）为 frmMain 的 Load 事件编写代码如下。

```
private void frmMain_Load(object sender, EventArgs e)
{
    if (CPublic.isManager)
    {
        LoginInfo.Text = "您好，" + CPublic.LoginInfo["UserName"] + "管理员，欢迎使用本系统！";
    }
    else
    {
        LoginInfo.Text = "您好，" + CPublic.LoginInfo["StuName"] + "同学，欢迎使用本系统！";
    }
}
```

（3）查看 frmMain 窗体的左下角，显示了开发人员的 E-mail 信息。如果希望用户单击此文字时启动邮件程序，可以双击该 toolStripStatusLabel，为其编写 Click 事件代码如下。

```
private void toolStripStatusLabel1_Click(object sender, EventArgs e)
{
    System.Diagnostics.Process.Start("mailto:237021692@qq.com");
}
```

（4）运行测试，如图 4-6 所示，可以看到系统右下方显示了登录人员的欢迎信息。

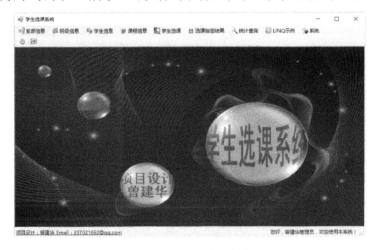

图 4-6 登录后的主窗体

（5）单击左下方的 E-mail 信息，将启动系统的默认邮件系统。

4.2.2 操作权限控制

该项目的控制权限为：如果以管理员身份登录，则可使用除"学生选课"以外的所有功能；如果以学生身份登录，则只可使用"学生选课"、"系统"两个菜单的功能。

（1）改写 frmMain 的 Load 事件，编写代码如下。

```
private void frmMain_Load(object sender, EventArgs e)
{
    if (CPublic.isManager)
    {
        LoginInfo.Text = "您好，" + CPublic.LoginInfo["UserName"] + "管理员，欢迎使用本系统！";
        学生选课 ToolStripMenuItem.Enabled = false;
    }
    else
    {
        LoginInfo.Text = "您好，" + CPublic.LoginInfo["StuName"] + "同学，欢迎使用本系统！";
        系部信息 ToolStripMenuItem.Enabled = false;
        班级信息 ToolStripMenuItem.Enabled = false;
        学生信息 ToolStripMenuItem.Enabled = false;
        课程信息 ToolStripMenuItem.Enabled = false;
        统计查询 ToolStripMenuItem.Enabled = false;
        选课抽签结果 ToolStripMenuItem.Enabled = false;
        LINQ 示例 ToolStripMenuItem.Enabled = false;
    }
}
```

（2）运行程序，以管理员身份登录系统，如图 4-7 所示，可以看到"学生选课"菜单不可用。

图 4-7 以管理员身份登录"学生选课"菜单不可用

（3）重新运行，以学生身份登录系统，如图4-8所示，可以看到仅"学生选课"和"系统"菜单可用。

图4-8 以学生身份登录仅"学生选课"和"系统"菜单可用

实 训

设计如图4-S-1所示的登录界面，当输入的用户名和密码符合Users表中的数据时才可登录系统（注意测试：单击"退出"按钮和右上角的 X 按钮时不能进入系统）。

图4-S-1 登录系统

说明：本系统为简化版本，不考虑管理员或不同级别权限不同的情形，只要是Users表中的合法用户，即可使用登录、购物、维护数据以及其他所有功能。读者也可自行修改数据库，如增加管理员用户，并与普通用户区别权限，以使用不同的功能。

第5章

学生选课

学习目标

通过灵活编辑来实现自己的业务逻辑，学习 DataGridView 的一些使用技巧。
注意：运行本章时请以学生身份登录测试。

5.1 选课填报志愿

本章微课视频

Xk 数据库中有一张学生选课表 StuCou，其中包括学号 StuNo、课程编号 CouNo、志愿号 WillOrder，代表某学生报名了某课程，该项目要求每个学生最多可报 5 个志愿。StuCou 表中还有一个 State 列，该列可取两种值"报名"或"选中"，最终的报名结果由系统抽签决定。如果抽中了，State 列的值为"选中"，否则为"报名"。

5.1.1 界面设计

（1）在"解决方案资源管理器"中右击 Xk 项目，选择"添加"下的"Windows 窗体"命令，在名称栏输入"frmSelectCourse"，设置窗体的 Text 属性为"选课"。

（2）如图 5-1 所示，放入两个 Label 和两个 DataGridView。将两个 Label 的 Text 分别设置为"课程列表"和"已选课程"；将上方 DataGridView 的 Name 属性设置为"dgvCourse"；将下方 DataGridView 的 Name 属性设置为"dgvSelectCourse"。

（3）切换到代码视图，加入如下语句。

```
using System.Data.SqlClient;
```

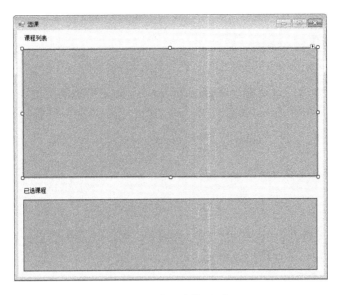

图 5-1　选课窗体界面

（4）在 Class frmSelectCourse 中声明一个变量。

```
DataSet ds = new DataSet();
```

（5）在 Class frmSelectCourse 中编写一个方法 getStuCou，以获取登录系统的学生已经报名的课程信息。该方法的代码如下。

```
private void getStuCou()
{
    SqlConnection cn = new SqlConnection(Properties.Settings.Default. XkConnectionString);
    string sql = " SELECT StuCou.*,CouName FROM StuCou,Course";
    sql += " WHERE StuCou.CouNo=Course.CouNo AND StuNo=@StuNo";
    sql += " ORDER BY WillOrder";
    SqlDataAdapter da = new SqlDataAdapter(sql, cn);
    da.SelectCommand.Parameters.Add("StuNo", SqlDbType.NVarChar, 8).Value = CPublic.LoginInfo
["StuNo"].ToString();
    cn.Open();
    da.Fill(ds, "StuCou");
    cn.Close();
    dgvSelectCourse.DataSource = ds.Tables["StuCou"];
}
```

（6）在 Class frmSelectCourse 中编写一个方法 getCourse，以列出所有课程，使学生可以从课程中挑选自己喜欢的课程来报名。getCourse 方法的代码如下。

```
private void getCourse()
{
    SqlConnection cn = new SqlConnection(Properties.Settings.Default. XkConnectionString);
    string sql = " SELECT * FROM Course ORDER BY CouNo";
    SqlDataAdapter da = new SqlDataAdapter(sql, cn);
    cn.Open();
```

```
    da.Fill(ds, "Course");
    cn.Close();
    dgvCourse.DataSource = ds.Tables["Course"];
}
```

（7）如果希望窗体运行时就能让 DataGridView 显示出期望的数据，可切换到设计界面，双击窗体的空白位置，产生 Load 事件框架，再切换到代码界面，编写如下代码。

```
private void frmSelectCourse_Load(object sender, EventArgs e)
{
    getStuCou();
    getCourse();
}
```

（8）在"解决方案资源管理器"中双击 frmMain，打开该窗体的设计界面，如图 5-2 所示，在主窗体 frmMain 中加入该功能的菜单项。

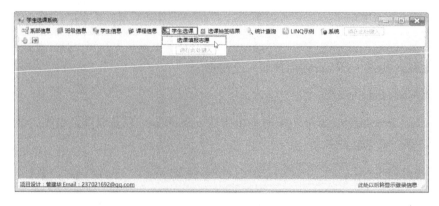

图 5-2　加入该功能的菜单项

（9）双击该菜单项，为其编写 Click 事件，代码如下。

```
private void 选课填报志愿ToolStripMenuItem_Click_1(object sender, EventArgs e)
{
    frmSelectCourse f = new frmSelectCourse();
    f.MdiParent = this;
    f.Show();
}
```

（10）先运行看一下。这里以学号为"00000001"的身份登录，登录后，在主菜单中选择"学生选课"下的"选课填报志愿"命令，运行的结果如图 5-3 所示。

对于已选课程，我们只需要将课程代码、课程名称、志愿号这几列显示给用户看就足够了。

更改 DataGridView 的列标题我们前面操作过，但这次操作稍有不同，以前 DataGridView 的数据源为我们设计的数据集实例是类型化数据集，这里 DataGridView 的数据源为我们编写的数据集是非类型化数据集。

（11）更改 DataGridView 的列标题，切换到 frmSelectCourse 窗体的设计界面，如图 5-4 所示，单击窗体上方的 DataGridView 任务标识，确保不要选中"启用添加"、"启用编辑"、"启用删除"、"启用列重新排序"，选择"编辑列"选项。

图 5-3　学生选课运行效果

图 5-4　选择"编辑列"选项

（12）在弹出的"编辑列"对话框中单击"添加"按钮，打开"添加列"对话框，各项设置如图 5-5 所示。

（13）单击"添加"按钮，继续添加新的列，各项设置如图 5-6 所示。

图 5-5　添加列（1）

图 5-6　添加列（2）

（14）单击"添加"按钮，继续添加新的列，各项设置如图 5-7 所示。

（15）单击"添加"按钮，继续添加新的列，各项设置如图 5-8 所示。

图 5-7　添加列（3）

图 5-8　添加列（4）

（16）单击"添加"按钮，继续添加新的列，各项设置如图 5-9 所示。

注　意

此处类型为 DataGridViewButtonColumn。

（17）单击"添加"按钮，完成"报名"列的设定。

（18）单击"关闭"按钮，结束添加列。

（19）如图 5-10 所示，在"课程代码"的 DataPropertyName 属性中输入"CouNo"。

图 5-9　添加列（5）

图 5-10　设置 DataPropertyName 属性

（20）类似地：

在"课程名称"的 DataPropertyName 属性中输入"CouName"；

在"学分"的 DataPropertyName 属性中输入"Credit"；

在"限选人数"的 DataPropertyName 属性中输入"LimitNum"。

（21）如图 5-11 所示，设置"报名"属性如下：

Text：报名

UseColumnTextForButtonValue：True

图 5-11　设置"报名"属性

（22）如图 5-12 所示，注意图中鼠标的位置，单击"报名"列的"DefaultCellStyle"属性右边的按钮。

（23）如图 5-13 所示，展开"Padding"，设置"Left"和"Right"的值为"10"。单击"确定"按钮。

图 5-12　单击"报名"列的 DefaultCellStyle 属性

图 5-13　设置"报名"列的 Padding

（24）如图 5-14 所示，单击窗体下方的 DataGridView 任务标识，确保不要选中"启用添加"、"启用编辑"、"启用删除"、"启用列重新排序"，选择"编辑列"选项。

（25）在弹出的"编辑列"对话框中单击"添加"按钮，打开"添加列"对话框，各项设置如图 5-15 所示。

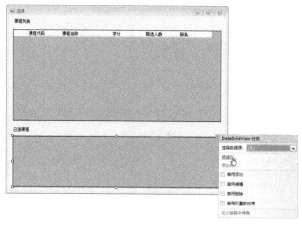

图 5-14　选择"编辑列"选项

（26）单击"添加"按钮，继续添加新的列，各项设置如图 5-16 所示。

图 5-15　添加列（1）

图 5-16　添加列（2）

（27）单击"添加"按钮，继续添加新的列，各项设置如图 5-17 所示。

（28）单击"添加"按钮，继续添加新的列，各项设置如图 5-18 所示。

图 5-17　添加列（3）

图 5-18　添加列（4）

注 意

此处类型为 DataGridViewButtonColumn。

（29）单击"添加"按钮，完成"取消"列的设定。

（30）单击"关闭"按钮，结束添加列。

（31）如图 5-19 所示，在"课程代码"的 DataPropertyName 属性中输入"CouNo"。

图 5-19 设置 DataPropertyName 属性

（32）类似地：

在"课程名称"的 DataPropertyName 属性中输入"CouName"；

在"原志愿号"的 DataPropertyName 属性中输入"WillOrder"。

（33）如图 5-20 所示，注意图中鼠标的位置，单击"取消"列的"DefaultCellStyle"属性右边的 ... 按钮。

图 5-20 单击"取消"列的 DefaultCellStyle 属性

（34）如图 5-21 所示，展开"Padding"，设置"Left"和"Right"的值为"10"。单击"确定"按钮。

图 5-21　设置"取消"列的 Padding

（35）设置两个 DataGridView 列的宽度为适当的值。

（36）修改窗体的 Load 事件，代码如下。

```
private void frmSelectCourse_Load(object sender, EventArgs e)
{
    dgvCourse.AutoGenerateColumns = false;
    dgvSelectCourse.AutoGenerateColumns = false;
    getStuCou();
    getCourse();
}
```

表示将两个 DataGridView 的 AutoGenernateColumns 的属性设置为 False，默认值为 True，为 True 时 DataGridView 将数据源中所有列的数据显示出来，这不是我们期望的。这里我们只希望显示设定的那些列。

读者可将 AutoGenernateColumns 的属性设置为 True，对照观察一下运行结果有何不同。

（37）测试运行，请读者仔细观察运行结果。

5.1.2　实现选课业务逻辑

（1）按照下面的顺序逐步完成本功能。

① 将 dgvCourse 中选中的课程加入到 dgvSelectCourse 中。

② 如果是在 dgvSelectCourse 中已有的课程，则不允许添加，并给出提示。

③ 如果在 dgvSelectCourse 中已有 5 门课程，则不允许添加，并给出提示（本系统每人限

报 5 门课程）。

（2）编写自定义方法 Scourse，代码如下。

```
private void SCourse()
{
    if (dgvCourse.CurrentRow != null)
    {
        string CouNo = dgvCourse.CurrentRow.Cells["CouNo"].Value.ToString();
        string CouName = dgvCourse.CurrentRow.Cells["CouName"].Value. ToString();
        DataRow dr = ds.Tables["StuCou"].NewRow();
        dr["CouNo"] = CouNo;
        dr["CouName"] = CouName;
        ds.Tables["StuCou"].Rows.Add(dr);
    }
}
```

（3）选中 dgvCourse，如图 5-22 所示，在其事件列表中找到 CellContentClick 事件，双击产生事件框架。

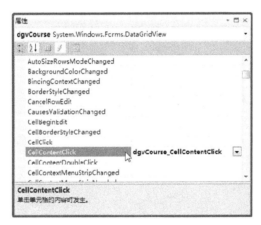

图 5-22　双击 dgvCourse 的 CellContentClick 事件

（4）编写 dgvCourse 的 CellContentClick 事件代码，如果单击的是"Join"按钮，则调用 SCourse 方法，代码如下。

```
private void dgvCourse_CellContentClick(object sender, DataGridView CellEventArgs e)
{
    if (dgvCourse.Columns[e.ColumnIndex].Name == "Join")
    {
        SCourse();
    }
}
```

（5）现在我们来控制：如果是在 dgvSelectCourse 中已有的课程，则不允许添加，并给出提示。改写 SCourse 方法，代码如下。

该方法思路为在数据集 ds 的 StuCou 表中搜索 CouNo 为报名的课程代码，如果没有找到，也就是 adr.Length 为 0，则可以报名，否则给出提示。

```
private void SCourse()
{
    if (dgvCourse.CurrentRow != null)
    {
        string CouNo = dgvCourse.CurrentRow.Cells["CouNo"].Value.ToString();
        DataRow[] adr;
        adr = ds.Tables["StuCou"].Select("CouNo='" + CouNo + "'");
        if (adr.Length == 0)
        {
            string CouName = dgvCourse.CurrentRow.Cells["CouName"].Value. ToString();
            DataRow dr = ds.Tables["StuCou"].NewRow();
            dr["CouNo"] = CouNo;
            dr["CouName"] = CouName;
            ds.Tables["StuCou"].Rows.Add(dr);
        }
        else
        {
            MessageBox.Show("该课程已报名，不要重复！", "选课", MessageBox Buttons.OK,
MessageBoxIcon.Information);
        }
    }
}
```

（6）现在我们来控制：如果在 dgvSelectCourse 中已有 5 门课程，则不允许添加，并给出提示。改写 SCourse 方法，代码如下。

该方法加入判断数据集 ds 的 StuCou 表中行的数量是否小于 5，小于 5 则可以报名，否则给出提示。

```
private void SCourse()
{
    if (dgvCourse.CurrentRow != null)
    {
        if (ds.Tables["StuCou"].Rows.Count < 5)
        {
            string CouNo = dgvCourse.CurrentRow.Cells["CouNo"].Value. ToString();
            DataRow[] adr;
            adr = ds.Tables["StuCou"].Select("CouNo='" + CouNo + "'");
            if (adr.Length == 0)
            {
                string CouName = dgvCourse.CurrentRow.Cells["CouName"]. Value.ToString();
                DataRow dr = ds.Tables["StuCou"].NewRow();
                dr["CouNo"] = CouNo;
                dr["CouName"] = CouName;
                ds.Tables["StuCou"].Rows.Add(dr);
            }
            else
            {
                MessageBox.Show("该课程已报名，不要重复！", "选课", MessageBox Buttons.OK,
```

```
                MessageBoxIcon.Information);
            }
        }
        else
        {
            MessageBox.Show("已报名课程门数超过 5 门！", "选课", MessageBox Buttons.OK,
MessageBoxIcon.Information);
        }
    }
}
```

（7）在窗体上放入一个 Button，设置 Text 属性如图 5-23 所示。将该 Button 的 Name 属性设置为"btnUpdate"。

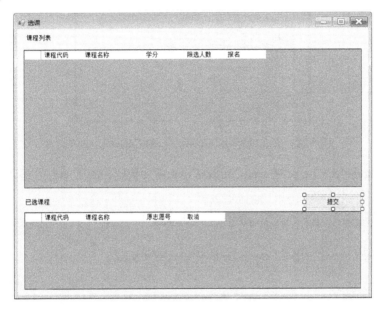

图 5-23 增加"提交"按钮

（8）编写自定义方法 CCourse。

该方法首先判断 dgvSelectCourse 中的当前行是否为空，实际上就是保证必须选中 dgvSelectCourse 的一行。

如果选中了某一行，先获取选中行的 CouNo，然后根据该课程代码，在数据集 ds 的 StuCou 表中获取该数据行，最后调用 Remove 方法移除该行，完成取消选课功能。

建议：对于绑定数据源的 DataGridView 操纵数据行，最好对绑定的数据源进行操作，而不要直接对 DataGridView 进行操作（比如直接对 DataGridView 添加一行、删除一行等）。

```
private void CCourse()
{
    if (dgvSelectCourse.CurrentRow != null)
    {
        int RowIndex = dgvSelectCourse.CurrentRow.Index;
        string CouNo = dgvSelectCourse.CurrentRow.Cells["SelectCouNo"]. Value.ToString();
```

```
        DataRow[] adr;
        adr = ds.Tables["StuCou"].Select("CouNo='" + CouNo + "'");
        ds.Tables["StuCou"].Rows.Remove(adr[0]);
    }
}
```

（9）选中 dgvSelectCourse，如图 5-24 所示，在其事件列表中找到 CellContentClick 事件，双击产生事件框架。

图 5-24　双击 dgvSelectCourse 的 CellContentClick 事件

（10）编写 dgvSelectCourse 的 CellContentClick 事件代码，如果单击的是"Cancel"按钮则调用 CCourse 方法，代码如下。

```
private void dgvSelectCourse_CellContentClick(object sender, DataGrid ViewCellEventArgs e)
{
    if (dgvSelectCourse.Columns[e.ColumnIndex].Name == "Cancel")
    {
        CCourse();
    }
}
```

下面来完成提交功能。实际上刚才我们做的都是对数据集 ds 的操作，而要将这些变化写入数据库中，还需要编写一些代码。这里是完成选课的提交，实际上就是对 StuCou 表进行操作。

（11）双击"提交"按钮，为其编写 Click 事件，代码如下。

```
private void btnUpdate_Click(object sender, EventArgs e)
{
    SqlConnection cn = new SqlConnection(Properties.Settings. Default.Xk Connection String);
    string sql = " DELETE FROM StuCou WHERE StuNo=@StuNo";
    SqlCommand cmd = new SqlCommand(sql, cn);
    cmd.Parameters.Add("StuNo", SqlDbType.NVarChar, 8).Value = CPublic. LoginInfo["StuNo"].
ToString();
    cn.Open();
    cmd.ExecuteNonQuery();
    cn.Close();
```

```
        for (int i = 0; i < dgvSelectCourse.Rows.Count; i++)
        {
            sql = " INSERT StuCou(StuNo,CouNo,WillOrder,State) VALUES(@StuNo, @CouNo,
@WillOrder,@State)";
            cmd = new SqlCommand(sql, cn);
            cmd.Parameters.Add("StuNo", SqlDbType.NVarChar, 8).Value = CPublic. LoginInfo["StuNo"].
ToString();
            cmd.Parameters.Add("CouNo", SqlDbType.NVarChar, 8).Value = dgvSelectCourse.Rows[i].
Cells["SelectCouNo"].Value;
            cmd.Parameters.Add("WillOrder", SqlDbType.SmallInt).Value = i + 1;
            cmd.Parameters.Add("State", SqlDbType.NVarChar, 2).Value = "报名";
            cn.Open();
            cmd.ExecuteNonQuery();
            cn.Close();
        }
        ds.Tables["StuCou"].Clear();
        getStuCou();
}
```

（12）运行，可做如下测试。

① 在课程列表中双击一行，或在课程列表选中某行后，单击"选课"按钮，已选课程中将加入该行。

② 如果该课程代码已存在，则会给出相应提示。

③ 如果已选课程超过 5 门，将给出相应提示。

④ 在已选课程列表中双击一行，或在已选课程列表选中某行后，单击"取消选课"按钮，则已选课程中将删除该行。

⑤ 单击"提交"按钮，则将报名结果写入数据库，志愿号按已选课程的顺序排列。

5.1.3　实现 DataGridView 拖放行确定选课志愿顺序

（1）设置 dgvSelectCourse 属性如下。

AllowDrop：True

AllowUserToAddRows：False

AllowUserToDeleteRows：False

MultiSelect：False

ReadOnly：True

SelectionMode：FullRowSelect

（2）设置 dgvCourse 属性如下。

AllowUserToAddRows：False

AllowUserToDeleteRows：False

MultiSelect：False

ReadOnly：True

SelectionMode：FullRowSelect

（3）切换到代码窗口，在 Class SelectCourse 中声明如下变量。

```
private int indexOfItemUnderMouseToDrag = -1;
// 拖动的目标数据行索引
private int indexOfItemUnderMouseToDrop = -1;
// 拖动中的鼠标所在位置的当前行索引
private int indexOfItemUnderMouseOver = -1;
// 不启用拖放的鼠标范围
private Rectangle dragBoxFromMouseDown = Rectangle.Empty;
```

（4）为 dgvSelectCourse 的 MouseDown 事件编写代码如下。

```
private void dgvSelectCourse_MouseDown(object sender, MouseEventArgs e)
{
    // 通过鼠标按下的位置获取所在行的信息
    DataGridView.HitTestInfo hitTest = dgvSelectCourse.HitTest(e.X, e.Y);
    if (hitTest.Type != DataGridViewHitTestType.Cell)
        return;
    // 记下拖动源数据行的索引及以鼠标按下坐标为中心的需要拖动的范围
    indexOfItemUnderMouseToDrag = hitTest.RowIndex;
    if (indexOfItemUnderMouseToDrag > -1)
    {
        Size dragSize = SystemInformation.DragSize;
        dragBoxFromMouseDown = new Rectangle(new Point(e.X - (dragSize.Width / 2), e.Y-
(dragSize.Height / 2)), dragSize);
    }
    else{
        dragBoxFromMouseDown = Rectangle.Empty;
    }
}
```

（5）为 dgvSelectCourse 的 MouseUp 事件编写代码如下。

```
private void dgvSelectCourse_MouseUp(object sender, MouseEventArgs e)
{
    // 释放鼠标按键时重置变量为默认值
    dragBoxFromMouseDown = Rectangle.Empty;
}
```

（6）编写自定义方法 OnRowDragOver，强制行进行重绘，代码如下。

```
private void OnRowDragOver(int rowIndex)
{
    // 如果和上次导致重绘的行是同一行，则无须重绘
    if (indexOfItemUnderMouseOver == rowIndex)
        return;
    int old = indexOfItemUnderMouseOver;
    indexOfItemUnderMouseOver = rowIndex;
    // 去掉原有行的红线
    if (old > -1)
        dgvSelectCourse.InvalidateRow(old);
    // 绘制新行的红线
```

```
    if (rowIndex > -1)
        dgvSelectCourse.InvalidateRow(rowIndex);
}
```

（7）鼠标在按下状态移动时开始拖放过程，为 dgvSelectCourse 的 MouseMove 事件编写代码如下。

```
private void dgvSelectCourse_MouseMove(object sender, MouseEventArgs e)
{
    // 不是鼠标左键按下时移动
    if ((e.Button & MouseButtons.Left) != MouseButtons.Left)
        return;
    // 有可能不需要拖动，如鼠标单击列标题而不是数据行时
    if (dragBoxFromMouseDown == Rectangle.Empty || dragBoxFromMouseDown. Contains(e.X, e.Y))
        return;
    // 如果源数据行索引值不正确
    if (indexOfItemUnderMouseToDrag < 0)
        return;
    // 开始拖动，第一个参数表示要拖动的数据，可以自定义，一般是源数据行
    DataGridViewRow row = dgvSelectCourse.Rows[indexOfItemUnderMouseTo Drag];
    DragDropEffects dropEffect = dgvSelectCourse.DoDragDrop(row, Drag DropEffects.All);
    // 拖动过程结束后，清除拖动位置行的红线效果
    OnRowDragOver(-1);
}
```

（8）鼠标拖动过程中移动数据行时执行重绘，为 dgvSelectCourse 的 DragOver 事件编写代码如下。

```
private void dgvSelectCourse_DragOver(object sender, DragEventArgs e)
{
    // 把屏幕坐标转换成控件坐标
    Point p = dgvSelectCourse.PointToClient(new Point(e.X, e.Y));
    // 通过鼠标按下的位置获取所在行的信息
    // 如果不是在数据行或源数据行上，则不能作为拖放的目标
    DataGridView.HitTestInfo hitTest = dgvSelectCourse.HitTest(p.X, p.Y);
    if (hitTest.Type != DataGridViewHitTestType.Cell || hitTest.RowIndex ==
indexOfItemUnderMouseToDrag)
    {
        e.Effect = DragDropEffects.None;
        OnRowDragOver(-1);
        return;
    }
    // 设置为作为拖放移动的目标
    e.Effect = DragDropEffects.Move;
    // 通知目标行重绘
    OnRowDragOver(hitTest.RowIndex);
}
```

（9）鼠标拖放至目标行释放时，为 dgvSelectCourse 的 DragDrop 事件编写代码如下。

```
private void dgvSelectCourse_DragDrop(object sender, DragEventArgs e)
{
    // 把屏幕坐标转换成控件坐标
    Point p = dgvSelectCourse.PointToClient(new Point(e.X, e.Y));
    // 如果当前位置不是数据行
    // 或者刚好是源数据行的下一行（本示例中假定拖放操作为拖放至目标行的上方）
    // 则不进行任何操作
    DataGridView.HitTestInfo hitTest = dgvSelectCourse.HitTest(p.X, p.Y);
    if (hitTest.Type != DataGridViewHitTestType.Cell || hitTest.RowIndex ==
indexOfItemUnderMouseToDrag + 1)
        return;
    indexOfItemUnderMouseToDrop = hitTest.RowIndex;
    // 执行拖放操作（执行的逻辑按实际需要定）
    DataRow tempRow = ds.Tables["StuCou"].NewRow();
    tempRow.ItemArray = ds.Tables["StuCou"].Rows[indexOfItemUnderMouse ToDrag].ItemArray;
    ds.Tables["StuCou"].Rows.RemoveAt(indexOfItemUnderMouseToDrag);
    if (indexOfItemUnderMouseToDrag < indexOfItemUnderMouseToDrop)
        indexOfItemUnderMouseToDrop--;
    ds.Tables["StuCou"].Rows.InsertAt(tempRow, indexOfItemUnderMouseToDrop);
}
```

（10）为 dgvSelectCourse 的 RowPostPaint 事件编写代码，完成如下功能。

① 在鼠标正拖放至行上方时绘制一条红线。

② 在行头显示序号。

```
private void dgvSelectCourse_RowPostPaint(object sender, DataGridViewRow PostPaintEventArgs e)
{
    // 如果当前行是鼠标拖放过程的所在行
    if (e.RowIndex == indexOfItemUnderMouseOver)
        e.Graphics.FillRectangle(Brushes.Red, e.RowBounds.X, e.RowBounds.Y, e.RowBounds.Width, 2);
    Rectangle rectangle = new Rectangle(e.RowBounds.Location.X,
        e.RowBounds.Location.Y,
        dgvCourse.RowHeadersWidth - 4,
        e.RowBounds.Height);
    TextRenderer.DrawText(e.Graphics, (e.RowIndex + 1).ToString(),
        dgvCourse.RowHeadersDefaultCellStyle.Font,
        rectangle,
        Color.Red,
        TextFormatFlags.VerticalCenter | TextFormatFlags.Right);
}
```

（11）运行该程序，界面如图 5-25 所示。

（12）测试。

在"已选课程"列表中可以看到行头有顺序号，这也是提交后报名的志愿号。

可在"已选课程"中拖放行来重新排列顺序。

单击"提交"按钮，则将已选课程写入数据库，志愿号按已选课程的顺序排列。

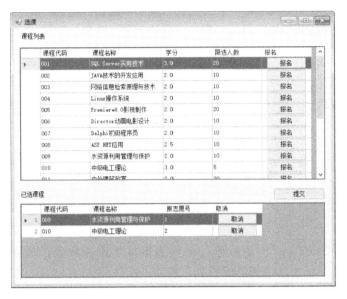

图 5-25　学生选课最终运行界面

5.2　查询报名结果

5.2.1　界面设计

（1）在项目中添加新的 Windows 窗体，命名为"frmMyResult.cs"。

（2）将窗体拉到适当大小，设置窗体的 Text 属性为"我的报名结果"。

（3）从"工具箱"的"数据"面板中将"DataGridView"控件拖放到窗体中，设置其 ReadOnly 属性为"True"，保持其默认的 Name 属性为"dataGridView1"。

5.2.2　相关代码编写

（1）切换到该窗体的代码视图，加入如下代码。

```
using System.Data.SqlClient;
```

（2）在 Class frmMyResult 中编写一个方法 getStuCou，该方法用于查询指定学号（当然是登录的学号，保存在 CPublic.LoginInfo["StuNo"]中）的报名信息，报名信息在 StuCou 表中，因为要显示课程名称，所以做了多表查询（也就是和 Course 表的连接），代码如下。

```
private void getStuCou()
{
    SqlConnection cn = new SqlConnection(Properties.Settings.Default. XkConnectionString);
    string sql = " SELECT StuCou.*,CouName FROM StuCou,Course";
    sql += " WHERE StuNo=@StuNo AND StuCou.COuNo=Course.CouNo";
    sql += " ORDER BY WillOrder";
    SqlDataAdapter da = new SqlDataAdapter(sql, cn);
```

```
da.SelectCommand.Parameters.Add("StuNo", SqlDbType.NVarChar, 8).Value = CPublic.LoginInfo["StuNo"];
DataSet ds = new DataSet();
da.Fill(ds, "StuCou");
dataGridView1.DataSource = ds.Tables["StuCou"];
}
```

（3）切换到设计视图，双击窗体的空白位置，产生窗体的 Load 事件框架，为 Load 事件编写代码如下。

```
private void frmMyResult_Load(object sender, EventArgs e)
{
    dataGridView1.AutoGenerateColumns = false;
    getStuCou();
}
```

（4）更改 DataGridView 的列标题，切换到窗体的设计界面，如图 5-26 所示，单击"dataGridView1 任务"标志，选择"编辑列"选项。

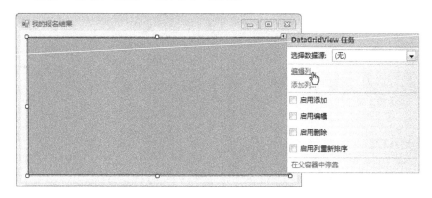

图 5-26　选择"编辑列"选项

（5）在弹出的"编辑列"对话框中，如图 5-27 所示，单击"添加"按钮。
（6）在"添加列"对话框中设置属性，如图 5-28 所示。

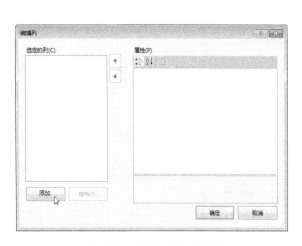

图 5-27　"编辑列"对话框

图 5-28　为列指定属性

（7）继续设置新列的属性，在"名称"栏输入"WillOrder"、"页眉文本"栏输入"志愿号"，单击"添加"按钮。

（8）继续设置新列的属性，在"名称"栏输入"State"、"页眉文本"栏输入"状态"，单击"添加"按钮。

（9）单击"关闭"按钮关闭对话框。

（10）如图 5-29 所示，在左侧选定"课程名称"，在右侧的 DataPropertyName 属性中输入"CouName"。

图 5-29　为列指定 DataPropertyName 属性

说明：非类型化数据集不可从下拉列表中选择，必须输入。

（11）类似地，指定"志愿号"的 DataPropertyName 属性为"WillOrder"，指定"状态"的 DataPropertyName 属性为"State"。

（12）在"解决方案资源管理器"中双击"frmMain"，打开该窗体的设计界面，如图 5-30 所示，在主窗体 frmMain 中加入该功能的菜单项。

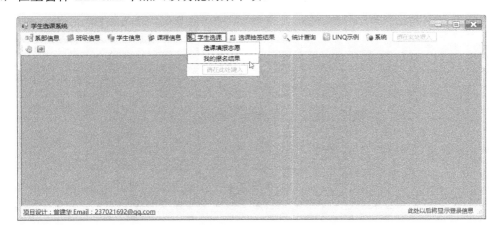

图 5-30　加入该功能的菜单项

（13）加入调用该功能的代码。双击"我的报名结果"菜单项，为该菜单项编写 Click 事件，代码如下。

```
private void 我的报名结果ToolStripMenuItem_Click(object sender, EventArgs e)
{
    frmMyResult f = new frmMyResult();
    f.MdiParent = this;
    f.Show();
}
```

（14）以学生身份登录运行，在主窗体中选择"学生选课"菜单中的"我的报名结果"命令，运行效果如图 5-31 所示。可以查看自己所有报名的课程，从"状态"列中可以看到是否被选中。

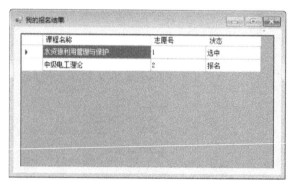

图 5-31 "我的报名结果"运行效果

实 训

1．自行设计界面，完成用户挑选商品购物的操作。编者设计的购物界面如图 5-S-1 所示。本实训简化了真实的购物操作，有兴趣的读者可参阅基于该数据库的网上购物系统《Visual Studio 2010（C#）Web 数据库项目开发》（电子工业出版社，曾建华）了解更真实的购物情形。

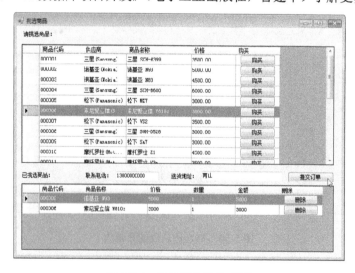

图 5-S-1 挑选商品购物界面

2．测试：例如，用户名为 zjh 的用户登录系统后，挑选了几种手机商品（假设商品 ID 为 000002 的购买一台，商品 ID 为 000006 的购买一台），则在后台数据库中应有类似于图 5-S-2 和图 5-S-3 所示的数据进入系统。

	OrderID	UserID	Tel	Address	OrderDate
	cda9db1c-85c2-4216-b241-06636a6ae22e	zjh	13800000000	南山	2013-09-24 21:44:26.997
▶*	NULL	NULL	NULL	NULL	NULL

图 5-S-2　Orders 表中添加 1 条记录

	OrderItemID	OrderID	MobileID	Amount	Price
	0F273240-A481-4335-B5F4-9CE8B032036F	cda9db1c-85c2-4216-b241-06636a6ae22e	000002	1	5000.00
▶	B11DB83C-8837-4F65-B2E2-47B818969729	cda9db1c-85c2-4216-b241-06636a6ae22e	000006	1	3000.00
*	NULL	NULL	NULL	NULL	NULL

图 5-S-3　OrderItems 表中添加 2 条记录

第6章

选课抽签及抽签结果查询

学习目标

学习如何通过调用存储过程的方式实现业务逻辑。

注意：本章及以后章节将以管理员身份登录测试。

6.1 随机抽签产生选课结果

本章微课视频

Xk 数据库中有两个存储过程，存储过程写了抽签的算法。本节我们学习如何通过调用存储过程的方式实现业务逻辑。

6.1.1 设计存储过程

（1）在 Windows 操作系统下单击"开始"→"所有程序"→"Microsoft SQL Server"→"SQL Server Management Studio"，启动 SQL Server Management Studio。

（2）显示如图 6-1 所示的"连接到服务器"对话框。在"服务器类型（I）"中选择"数据库引擎"，在"服务器名称（S）"栏输入".\SQLEXPRESS"，在"身份验证（A）"一栏选择"Windows 身份验证"，然后单击"连接"按钮。

（3）如图 6-2 所示，在 SQL Server Management Studio 的"对象资源管理器"中展开"数据库"，再展开"Xk"→"可编程性"→"存储过程"。可以看到有两个存储过程，分别为"dbo. DrawLots"和"dbo. ExecuteDrawLots"。

（4）右击"dbo. DrawLots"，选择"修改"命令来查看一下存储过程。

图 6-1 "连接到服务器"对话框

图 6-2 查看存储过程

存储过程代码如下，其具体含义请查看代码注释。

```
USE [Xk]
GO
/****** Object:   StoredProcedure [dbo].[DrawLots]          Script Date: 09/06/2011 14:09:48 ******/
SET ANSI_NULLS ON
GO
SET QUOTED_IDENTIFIER ON
GO
ALTER PROCEDURE [dbo].[DrawLots]
--定义抽第几志愿
@WillOrder INT
AS
DECLARE @StuNo nvarchar(3),@CouNo nvarchar(3),@LimitNum INT,@ChooseNum INT,@WillNum
INT,@I INT
```

```
--定义游标针对每一门课程抽取学生名单
DECLARE cCourse CURSOR FOR
  SELECT
C.CouNo,LimitNum,WillNum=COALESCE(WillNum,0),ChooseNum=COALESCE(ChooseNum,0)
  FROM Course C LEFT JOIN
  (SELECT CouNo,WIllNum=COUNT(*) FROM StuCou GROUP BY COuNo) T1 ON
C.CouNo=T1.CouNo
  LEFT JOIN
  (SELECT CouNo,ChooseNum=COUNT(*) FROM StuCou WHERE    State='选中' GROUP BY
COuNo) T2 ON C.CouNo=T2.CouNo
  ORDER BY CouNo


--打开游标
OPEN cCourse
--循环读取游标（循环 Course 表）
FETCH NEXT FROM cCourse INTO @CouNo,@LimitNum,@WillNum,@ChooseNum
WHILE @@FETCH_STATUS=0
BEGIN
  --有足够名额时选中所有学生（如果该学生还没有报名成功的话）
  IF @LimitNum-@ChooseNum>=@WillNum
    UPDATE StuCou SET State='选中'
    WHERE WillOrder=@WillOrder AND CouNo=@CouNo AND StuNo NOT IN (SELECT StuNo
FROM StuCou WHERE    State='选中')
  ELSE
  --没有足够名额则分配剩余名额
  BEGIN
    --待选学生名单
    DECLARE cStuCou CURSOR FOR
      SELECT StuNo FROM StuCou
      WHERE WillOrder=@WillOrder AND CouNo=@CouNo AND StuNo NOT IN (SELECT StuNo
FROM StuCou WHERE    State='选中')
      ORDER BY RandomNum
    OPEN cStuCou
    FETCH NEXT FROM cStuCou INTO @StuNo
    --设置循环变量@I,当小于剩余名额时（@I<=@LimitNum-@ChooseNum）继续分配
    SET @I=1
    WHILE @@FETCH_STATUS = 0 AND @I<=@LimitNum-@ChooseNum
    BEGIN
      UPDATE StuCou SET State='选中' WHERE CURRENT OF cStuCou
      SET @I=@I+1
      FETCH NEXT FROM cStuCou INTO @CouNo
    END
    CLOSE cStuCou
    DEALLOCATE cStuCou
  END
  FETCH NEXT FROM cCourse INTO @CouNo,@LimitNum,@WillNum,@ChooseNum
END
CLOSE cCourse
```

DEALLOCATE cCourse

（5）类似地，读者可自行查看 ExecuteDrawLots 存储过程，该存储过程分 5 次调用 DrawLots，参数分别为 1、2、3、4、5，表示对第 1、2、3、4、5 志愿抽签，代码如下。

```
USE [Xk]
GO
/****** Object:    StoredProcedure [dbo].[ExecuteDrawLots]        Script Date: 09/06/2011 14:12:29 ******/
SET ANSI_NULLS ON
GO
SET QUOTED_IDENTIFIER ON
GO
ALTER PROCEDURE [dbo].[ExecuteDrawLots]
AS
--对选课表的待抽名单赋随机值，抽签前全部重置为报名状态
UPDATE StuCou SET RandomNum=NEWID(),State='报名'
--抽第 1 志愿
EXEC DrawLots 1
--抽第 2 志愿
EXEC DrawLots 2
--抽第 3 志愿
EXEC DrawLots 3
--抽第 4 志愿
EXEC DrawLots 4
--抽第 5 志愿
EXEC DrawLots 5
```

6.1.2 调用存储过程

（1）在“解决方案资源管理器”中双击 frmMain，打开该窗体的设计界面，如图 6-3 所示，在主窗体 frmMain 中加入该功能的菜单项。

图 6-3 加入该功能的菜单项

（2）切换到代码界面，加入如下语句。

```
using System.Data.SqlClient;
```

（3）切换到设计界面，双击"随机抽签"菜单，为其编写 Click 事件，代码如下。

```
private void 随机抽签 ToolStripMenuItem_Click(object sender, EventArgs e)
{
    if (MessageBox.Show("确实要抽签吗，将清除上次抽签结果?", "确认",
MessageBoxButtons.YesNo, MessageBoxIcon.Question) == DialogResult.Yes)
    {
        SqlConnection cn = new SqlConnection(Properties.Settings.Default. XkConnectionString);
        SqlCommand cmd = new SqlCommand("EXEC ExecuteDrawLots", cn);
        try
        {
            cn.Open();
            cmd.ExecuteNonQuery();
            MessageBox.Show("执行成功！", "信息", MessageBoxButtons.OK,
MessageBoxIcon.Information);
        }
        catch
        {
            MessageBox.Show("执行失败！", "信息", MessageBoxButtons.OK,
MessageBoxIcon.Error);
        }
        finally
        {
            cn.Close();
        }
    }
}
```

该代码首先向用户确认是否执行，既然是抽签，则每次结果都可能不一样，特别是如果已经抽过签的话，再次抽签会导致上次结果被覆盖。

可以看到如果用户确认后，这里就是调用了执行存储过程 ExecuteDrawLots。

从这里我们也可以感受到，我们可以将业务逻辑写在后台数据库，这样前端的开发将变得非常简单。

（4）以管理员身份登录运行测试。登录后，在"选课抽签结果"菜单中选择"随机抽签"命令。

（5）单击"是"按钮执行。这里我们从界面上看不出什么效果，读者可配合 6.2 节的执行结果来查看本功能的执行情况。

6.2 按课程查看选课结果

抽签结束后，教师可根据自己所上的课程查询该门课程最终的上课学生名单，故设计此功能。

6.2.1 界面设计

（1）在项目中添加新的 Windows 窗体，命名为"frmChooseCourseResult.cs"。

（2）将窗体拉到适当大小，设置窗体的 Text 属性为"按课程查看选课结果"。

（3）从"工具箱"的"公共控件"面板中将"ComboBox"控件拖放到窗体中，设置其 Name 属性为"cbCourse"、DropDownStyle 属性为"DropDownList"。

（4）从"工具箱"的"数据"面板中将"DataGridView"控件拖放到窗体中，设置其 ReadOnly 属性为"True"、AllowUserToAddRows 属性为"False"、AllowUserToDeleteRows 属性为"False"，保持其默认的 Name 属性为"dataGridView1"。

（5）设计 dataGridView1 各列的属性如图 6-4 所示。其中：

① 将"班级"列的 Name 和 DataPropertyName 属性都设置为"ClassName"，HeadText 属性设置为"班级"；

② 将"学号"列的 Name 和 DataPropertyName 属性都设置为"StuNo"，HeadText 属性设置为"学号"；

③ 将"姓名"列的 Name 和 DataPropertyName 属性都设置为"StuName"，HeadText 属性设置为"姓名"；

④ 将"性别"列的 Name 和 DataPropertyName 属性都设置为"Sex"，HeadText 属性设置为"性别"；

⑤ 将"出生日期"列的 Name 和 DataPropertyName 属性都设置为"BirthDay"，HeadText 属性设置为"出生日期"。

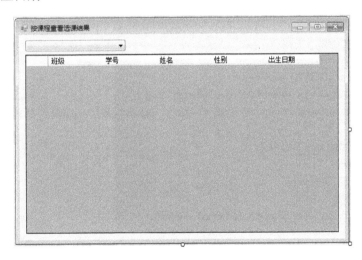

图 6-4 按课程查看选课结果

6.2.2 相关代码编写

（1）切换到该窗体的代码视图，加入语句"using System.Data.SqlClient;"。

（2）下拉列表 cbCourse 是用来选择课程的。为该窗体编写一个自定义方法 getCourse，该方法的代码如下。

```
private void getCourse()
{
    SqlConnection cn = new SqlConnection(Properties.Settings.Default. XkConnectionString);
    // 本 SQL 语句是为了在所有课程前加上一个"请选择课程"选项，这样做是为了使界面更为友好
    string sql = " SELECT CouNo='',CouName='请选择课程'";
    sql += " UNION SELECT CouNo,CouName FROM Course";
    sql += " ORDER BY CouNo";
    SqlDataAdapter da = new SqlDataAdapter(sql, cn);
    DataSet ds = new DataSet();
    cn.Open();
    da.Fill(ds, "Course");
    cn.Close();
    cbCourse.ValueMember = "CouNo";
    cbCourse.DisplayMember = "CouName";
    cbCourse.DataSource = ds.Tables["Course"];
}
```

（3）dataGridView1 用来显示下拉列表中选定课程的学生名单。为该窗体再编写一个自定义方法 getStudent，该方法的代码如下。

```
private void getStudent()
{
    if (cbCourse.SelectedIndex > 0)
    {
        SqlConnection cn = new SqlConnection(Properties.Settings.Default. XkConnectionString);
        string sql = " SELECT * FROM Student,Class";
        sql +=" WHERE StuNo IN(SELECT StuNo FROM StuCou WHERE CouNo=@CouNo AND State='选中')";
        sql += " AND Student.CLassNo=Class.ClassNo";
        sql += " ORDER BY StuNo";
        SqlDataAdapter da = new SqlDataAdapter(sql, cn);
        da.SelectCommand.Parameters.Add("CouNo",  SqlDbType.NVarChar, 8).Value = cbCourse.SelectedValue;
        DataSet ds = new DataSet();
        cn.Open();
        da.Fill(ds, "Student");
        cn.Close();
        dataGridView1.DataSource = ds.Tables["Student"];
    }
    else
        dataGridView1.DataSource = null;
}
```

（4）为了在窗体启动时下拉列表和 DataGridView 中有正确的数据，切换到窗体的设计界面，在窗体的空白位置双击产生 Load 事件框架，并编写 Load 事件代码如下。

```
private void frmChooseCourseResult_Load(object sender, EventArgs e)
{
    dataGridView1.AutoGenerateColumns = false;
```

```
        getCourse();
    }
```

（5）为了在下拉列表发生变化时能够正确地得到该门课程的学生名单，切换到窗体的设计界面，双击 bClass 产生 SelectedIndexChanged 事件框架，为 SelectedIndexChanged 事件编写代码如下。

```
private void cbCourse_SelectedIndexChanged(object sender, EventArgs e)
{
    getStudent();
}
```

（6）在"解决方案资源管理器"中双击 frmMain，打开该窗体的设计界面，如图 6-5 所示，在主窗体 frmMain 的"选课抽签结果"菜单下加入该功能的菜单项。

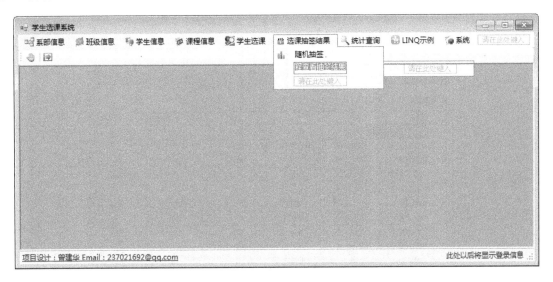

图 6-5　加入该功能的菜单项

（7）加入调用该功能的代码。双击"按课程查看抽签结果"菜单项，为该菜单项编写 Click 事件，代码如下。

```
private void 按课程查看抽签结果 ToolStripMenuItem_Click(object sender, EventArgs e)
{
    frmChooseCourseResult f = new frmChooseCourseResult();
    f.MdiParent = this;
    f.Show();
}
```

（8）在主窗体中选择"选课抽签结果"菜单中的"按课程查看抽签结果"命令，运行效果如图 6-6 所示，没有选中任何课程时没有学生名单。

（9）在下拉列表中选择一门具体的课程，如"ASP.NET 应用"，运行结果如图 6-7 所示，现在显示的是"ASP.NET 应用"这门课程报名且被抽中的学生名单。

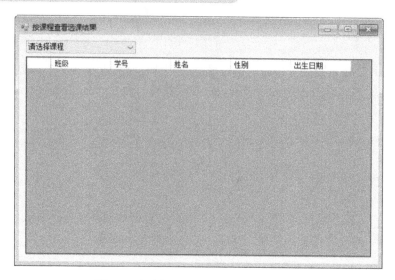

图 6-6　未选择具体课程时没有学生名单

图 6-7　选择具体课程时该门课程的学生名单

实　训

1. 理解 eShop 数据库中的存储过程 XsByMobileID，该存储过程能根据指定的手机产品 ID 统计该产品的总销售数量、销售金额。存储过程 XsByMobileID 的代码如下：

```
ALTER PROCEDURE XsByMobileID
@MobileID NVARCHAR(6)
AS
SELECT OrderItems.MobileID,MobileName,Amount=SUM(Amount),Je=SUM(Amount*OrderItems.Price)
FROM Orders,OrderItems,Mobiles
WHERE Orders.OrderID=OrderItems.OrderID AND OrderItems.MobileID=Mobiles. MobileID AND OrderItems.
```

MobileID=@MobileID
　　　　GROUP BY OrderItems.MobileID,MobileName

　　2．编写窗体完成功能：用户可输入手机产品代码，单击"查询"按钮将调用存储过程
XsByMobileID 统计该产品的总销售数量、销售金额。

　　效果大致如图 6-S-1 所示。

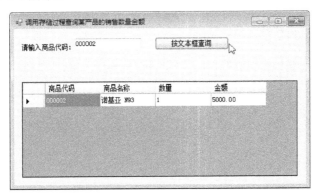

图 6-S-1　按文本框调用存储过程查询某产品的销售数量和金额

　　3．改进上题：可从下拉列表中选择商品，当选择某商品后，调用存储过程 XsByMobileID
统计该产品的总销售数量、销售金额（注意：由于示例数据较少，请选择有销售记录的商品进
行测试）。

　　效果大致如图 6-S-2 所示。

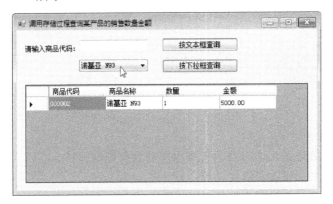

图 6-S-2　按下拉框调用存储过程查询某产品的销售数量和金额

第7章
统计查询

通过该功能的学习，希望读者能灵活使用 SQL 语句，能编写代码对 DataSet 进行细节的控制。

7.1　按班级性别统计学生人数

本章微课视频

7.1.1　界面设计

（1）先看看运行效果图，这样就非常直观地知道我们要做什么了。当然，在实际开发中，我们要根据客户的需求来设计相应的功能。

从图 7-1 可以看到，我们统计的是各班的男生、女生分别有多少人。

班级名称	性别	人数
00电子商务	男	5
	女	5
00多媒体	男	5
	女	5
00数据库	男	0
	女	4
00建筑管理	男	8
	女	2
00建筑电气	男	8
	女	2
00旅游管理	男	7

图 7-1　按班级性别统计学生人数运行结果

（2）在项目中添加新的 Windows 窗体，命名为"frmStudentNumGroupByClassSex.cs"。

（3）将窗体拉到适当大小，设置窗体的 Text 属性为"各班男女人数统计"。

（4）从"工具箱"的"数据"面板中将"DataGridView"控件拖放到窗体中，保持其默认 Name 属性为"dataGridView1"。设置属性如下。

ReadOnly：True

AllowUserToAddRowsy：False

AllowUserToDeleteRowsy：False

（5）设计 dataGridView1 各列的属性如图 7-2 所示。其中：

① 将"班级名称"列的 Name 和 DataPropertyName 属性都设置为"ClassName"，HeadText 属性设置为"班级名称"；

② 将"性别"列的 Name 和 DataPropertyName 属性都设置为"Sex"，HeadText 属性设置为"性别"；

③ 将"人数"列的 Name 和 DataPropertyName 属性都设置为"StudentNum"，HeadText 属性设置为"人数"。

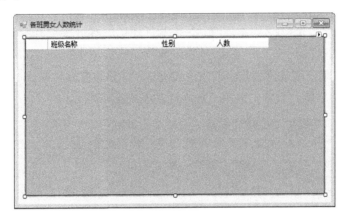

图 7-2　按班级性别统计学生人数界面

7.1.2　相关代码编写

（1）切换到该窗体的代码视图，加入如下代码。

```
using System.Data.SqlClient;
```

（2）在 Class frmStudentNumGroupByClassSex 级声明变量如下。

```
DataSet ds;
```

（3）切换到窗体的设计界面，在窗体的空白位置双击产生 Load 事件框架，并编写 Load 事件代码如下。

```
private void frmStudentNumGroupByClassSex_Load(object sender, EventArgs e)
{
    // 声明 SQL 连接对象，连接字符串从属性设置中获取
    SqlConnection cn = new SqlConnection(Properties.Settings.Default. XkConnectionString);
```

```
    // 编写完成该统计的 SQL 语句
    string sql = " SELECT ClassName,Sex,StudentNum=COUNT(*) FROM Student S,Class C ";
    sql += " WHERE S.ClassNo=C.ClassNo";
    sql += " GROUP BY C.ClassNo,ClassName,Sex";
    sql += " ORDER BY C.ClassNo,Sex";
    // 声明数据适配器
    SqlDataAdapter da = new SqlDataAdapter(sql, cn);
    // 声明数据集，用以存放查询结果
    ds = new DataSet();
    // 打开连接
    cn.Open();
    // 使用数据适配器的 Fill 方法将 SelectCommand 语句的执行结果放入数据集 ds 中，DataTable 命名
为"StudentNum"
    da.Fill(ds, "StudentNumBySex");   // 也可以索引的方式来使用，比如这里也可以这样写
    // 关闭连接
    cn.Close();
    // 为 DataGridView 指定数据源
    dataGridView1.DataSource = ds.Tables["StudentNumBySex"];
    // 也可以索引的方式来使用，比如上面这一句也可写为 dataGridView1.DataSource = ds.Tables[0];
}
```

（4）在"解决方案资源管理器"中双击 frmMain，打开该窗体的设计界面，如图 7-3 所示，在主窗体 frmMain 的"统计查询"菜单下加入该功能的菜单项。

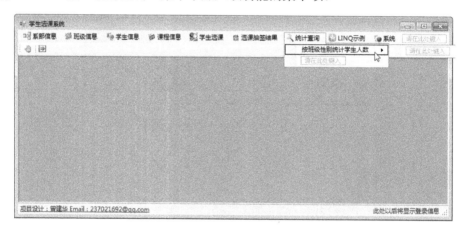

图 7-3　加入该功能的菜单项

（5）加入调用该功能的代码。双击"按班级性别统计学生人数"菜单项，为该菜单编写 Click 事件代码如下。

```
private void 按班级性别统计学生人数 ToolStripMenuItem_Click(object sender, EventArgs e)
{
    frmStudentNumGroupByClassSex f = new frmStudentNumGroupByClassSex();
    f.MdiParent = this;
    f.Show();
}
```

（6）在主窗体中选择"统计查询"菜单下的"按班级性别统计学生人数"命令，运行效果如图 7-4 所示。

图 7-4 按班级性别统计学生人数现在的运行效果

可以看到，每个班级名称对应男女重复显示，看上去也不太直观，而我们希望重复的班级名称不要显示出来。

（7）切换到该窗体的代码页面，在刚才写的窗体 Load 事件代码后添加如下代码。

```
// 对表循环检测 ClassName 值是否和上一 ClassName 值相同，如果相同，则置为空
string ClassName = "";
for (int i = 0; i < ds.Tables[0].Rows.Count; i++)
{
    if (ds.Tables[0].Rows[i]["ClassName"].ToString() == ClassName)
    {
        ds.Tables[0].Rows[i]["ClassName"] = "";
    }
    else
    {
        ClassName = ds.Tables[0].Rows[i]["ClassName"].ToString();
    }
}
```

（8）在主窗体中选择"统计查询"菜单下的"按班级性别统计学生人数"命令，运行效果如图 7-5 所示。

图 7-5 按班级性别统计学生人数最终的运行效果

这样看上去是不是更合理呢？

7.2　未选课学生统计

7.2.1　界面设计

该界面用于统计还没有报名选课的学生，可以按指定班级查询，也可以不分班级查询所有还没有报名选课的学生。这样就可以及时通知这些学生抓紧时间选课。运行效果如图 7-6 所示。

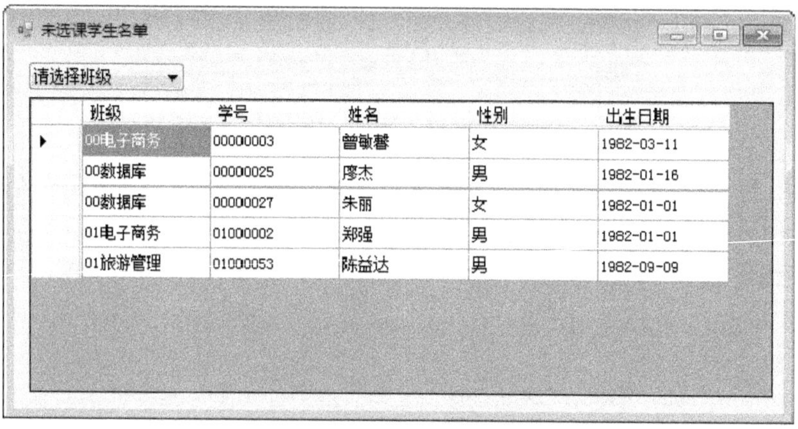

图 7-6　未选课学生统计

（1）在项目中添加新的 Windows 窗体，命名为"frmStudentNotSelectCourse.cs"。

（2）将窗体拉到适当大小，设置窗体的 Text 属性为"未选课学生名单"。

（3）从"工具箱"的"公共控件"面板中将"ComboBox"控件拖放到窗体中，设置其 Name 属性为"cbClass"、DropDownStyle 属性为"DropDownList"。

（4）从"工具箱"的"数据"面板中将"DataGridView"控件拖放到窗体中，保持其默认 Name 属性为"dataGridView1"。设置属性如下。

ReadOnly：True

AllowUserToAddRowsy：False

AllowUserToDeleteRowsy：False

（5）设计 dataGridView1 各列的属性如图 7-7 所示。其中：

① 将"班级"列的 Name 和 DataPropertyName 属性都设置为"ClassName"，HeadText 属性设置为"班级"；

② 将"学号"列的 Name 和 DataPropertyName 属性都设置为"StuNo"，HeadText 属性设置为"学号"；

③ 将"姓名"列的 Name 和 DataPropertyName 属性都设置为"StuName"，HeadText 属性设置为"姓名"；

④ 将"性别"列的 Name 和 DataPropertyName 属性都设置为"Sex"，HeadText 属性设置为"性别"；

⑤ 将"出生日期"列的 Name 和 DataPropertyName 属性都设置为"BirthDay"，HeadText

属性设置为"出生日期"。

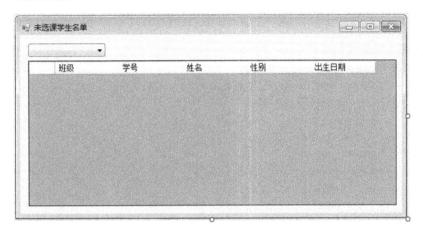

图 7-7　未选课学生统计界面

7.2.2　相关代码编写

（1）切换到该窗体的代码视图，加入如下代码。

```
using System.Data.SqlClient;
```

（2）下拉列表 cbClass 是用来选择班级的。为该窗体编写一个自定义方法 getClass，该方法的代码如下。

```
private void getClass()
{
    SqlConnection cn = new SqlConnection(Properties.Settings.Default. XkConnectionString);

    // 本 SQL 语句是为了在所有班级前加上一个"请选择班级"选项，这样做的目的：
    // 1.使界面更为友好
    // 2.当用户在"请选择班级"下拉列表中选择时，将可以看到所有班级未选课学生的名单
    string sql = " SELECT CLassNo=",ClassName='请选择班级'";

    sql += " UNION SELECT ClassNo,ClassName FROM Class";
    sql += " ORDER BY ClassNo";
    SqlDataAdapter da = new SqlDataAdapter(sql, cn);
    DataSet ds = new DataSet();
    cn.Open();
    da.Fill(ds, "Class");
    cn.Close();
    cbClass.ValueMember = "ClassNo";
    cbClass.DisplayMember = "ClassName";
    cbClass.DataSource = ds.Tables["Class"];
}
```

（3）dataGridView1 是用来显示未报名选课的学生名单的。为该窗体再编写一个自定义方法 getStudent，该方法的代码如下。

```
private void getStudent()
{
    SqlConnection cn = new SqlConnection(Properties.Settings.Default. XkConnectionString);
    string sql = " SELECT S.*,CLassName FROM Student S,Class C ";
    sql += " WHERE S.ClassNo=C.ClassNo";
    sql += " AND StuNo NOT IN (SELECT StuNo FROM StuCou)";
    // 如果选择了具体的班级，则需要该条件
    if (cbClass.SelectedIndex > 0)
        sql += " AND S.ClassNo = @ClassNo";
    sql += " ORDER BY StuNo";
    SqlDataAdapter da = new SqlDataAdapter(sql, cn);
    DataSet ds = new DataSet();
    // 如果选择了具体的班级，则需要为 ClassNo 参数提供值
    if (cbClass.SelectedIndex > 0)
        da.SelectCommand.Parameters.Add("ClassNo", SqlDbType.NVarChar, 8).Value = cbClass.SelectedValue;
    cn.Open();
    da.Fill(ds, "Student");
    cn.Close();
    dataGridView1.DataSource = ds.Tables["Student"];
}
```

（4）为了在窗体启动时下拉列表和 DataGridView 中有正确的数据，切换到窗体的设计界面，在窗体的空白位置双击产生 Load 事件框架，并编写 Load 事件代码如下。

```
private void frmStudentNotSelectCourse_Load(object sender, EventArgs e)
{
    dataGridView1.AutoGenerateColumns = false;
    getClass();
    getStudent();
}
```

（5）为了在下拉列表发生变化时能够得到正确的统计结果，切换到窗体的设计界面，双击 cbCourse 产生 SelectedIndexChanged 事件框架，为 SelectedIndexChanged 事件编写代码如下。

```
private void cbClass_SelectedIndexChanged(object sender, EventArgs e)
{
    getStudent();
}
```

（6）在"解决方案资源管理器"中双击 frmMain，打开该窗体的设计界面，如图 7-8 所示，在主窗体 frmMain 的"统计查询"菜单下加入该功能的菜单项。

（7）加入调用该功能的代码。双击"未选课学生名单"菜单项，为该菜单项编写 Click 事件代码如下。

```
private void 未选课学生名单 ToolStripMenuItem_Click(object sender, EventArgs e)
{
    frmStudentNotSelectCourse f = new frmStudentNotSelectCourse();
    f.MdiParent = this;
```

```
    f.Show();
}
```

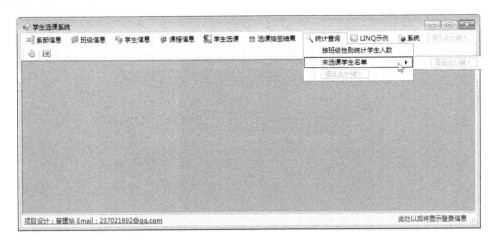

图7-8 加入该功能的菜单项

（8）在主窗体中选择"统计查询"菜单中的"未选课学生名单"命令，运行效果如图7-9所示。

图7-9 所有班级未报名选课学生的名单

下拉列表中的内容为"请选择班级"时，看到的是所有未报名选课学生的名单。

（9）在下拉列表中选择"00电子商务"选项，运行结果如图7-10所示，现在显示的是"00电子商务"班还未报名选课学生的名单。

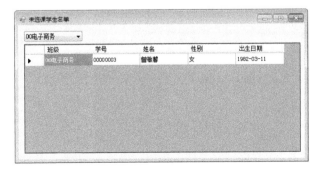

图7-10 指定班级未报名选课学生的名单

实　　训

1．编写窗体完成如图 7-S-1 所示的功能：能分别统计各供应商的总销售金额。

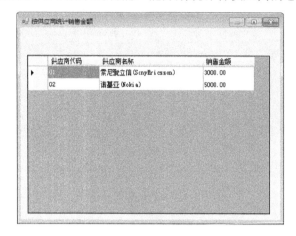

图 7-S-1　按供应商统计销售金额

2．编写窗体完成如图 7-S-2 所示的功能：能分别统计各商品的总销售数量和金额。

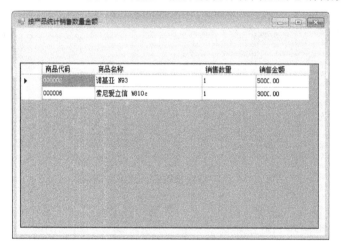

图 7-S-2　按商品统计销售数量和金额

第8章

RDLC 报表

学习目标

掌握设计 RDLC 报表，熟悉 RDLC 报表中的常用控件，学会设计和调用报表预览页面。

培养"执着专注、精益求精、一丝不苟、追求卓越"的工作态度。

RDL（Report Definition Language）是报表定义语言的缩写。微软后来又提出 RDLC，即在 RDL 的基础上加 C，C 代表 Client-side processing，这是微软基于 RDL 在.NET 上继续完善的结果，同时也凸显了 RDLC 的客户端处理能力。

本章微课视频

8.1 打印来自原始表的数据

本节将在"系部信息"窗体上加入打印功能。系部信息的数据来自 Department 表，Department 表是数据库中原有的表，通过该功能我们将学习打印来自原始表的数据。

8.1.1 创建报表

（1）在"解决方案资源管理器"中双击 dsXk，可以看到包括我们打印需要的 Department。设计报表通常需要先准备好一个数据集来为报表提供设计支持。

（2）如图 8-1 所示，在"解决方案资源管理器"中右击 Xk 项目，选择"添加"下的"新建项"命令。

（3）出现如图 8-2 所示的对话框，左侧选择"Reporting"，右侧选择"报表"，输入名称为"rptDepartment.rdlc"，单击"添加"按钮。

（4）先熟悉一下环境，如图 8-3 所示，注意鼠标的位置，可在此选择"报表数据"、"工具箱"等视图。

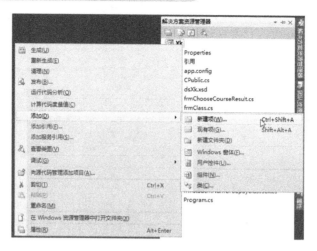

图 8-1　添加新项

图 8-2　添加报表

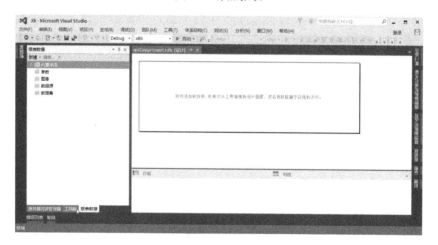

图 8-3　熟悉视图环境

（5）如图 8-4 所示，在"报表数据"窗口中单击"新建"，再选择"数据集"。

图 8-4　新建数据集

（6）如图 8-5 所示，在"名称"栏输入"Department"，在"数据源"下拉列表中选择"dsXk"，在"可用数据集"下拉列表中选择"Department"。

图 8-5　数据集属性

（7）如图 8-6 所示，在"报表数据"窗口多了"dsXk"，展开"dsXk"可看到"Department"，再展开"Department"可看到所包含的列。

（8）如图 8-7 所示，注意图中鼠标的位置，拖动底线可调整高度，拖动右边线可调整宽度。读者可自行调整高度和宽度到适合的位置。

（9）设计报表抬头。如图 8-8 所示，在"工具箱"的"报表项"选项卡中，将"文本框"拖放到报表中。

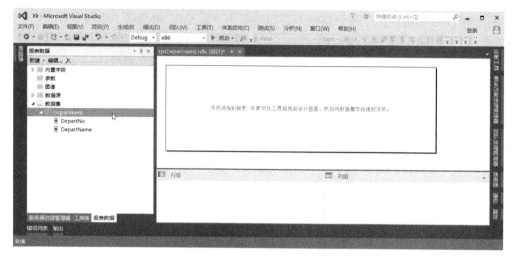

图 8-6　观察报表数据

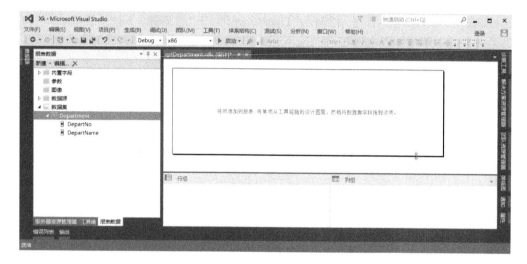

图 8-7　调整高度和宽度

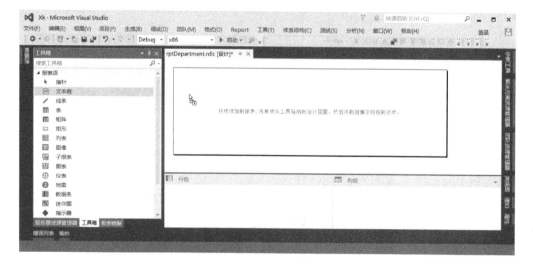

图 8-8　拖放文本框

（10）如图 8-9 所示，在属性窗口设置文本框属性如下。

FontFamilly：宋体

FontSize：20pt

TextAlign：Center，表示文本居中对齐。

图 8-9　设置文本框属性

（11）双击文本框，输入"系部信息"。

（12）设计报表数据行。如图 8-10 所示，在"工具箱"的"报表项"选项卡中，将"表"拖放到报表中。

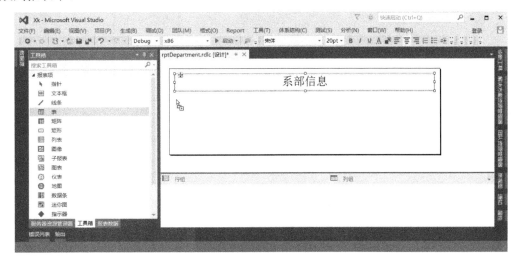

图 8-10　拖放表

（13）如图 8-11 所示，如果需调整整个"表"的大小、位置，则单击图中鼠标处再调整。单击表内部，将可调整某行、某列的宽度。整体操作和 Excel 类似，请读者自行多多尝试。

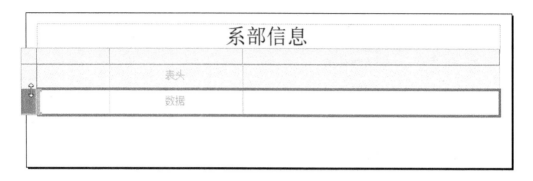

图 8-11　调整表

（14）如图 8-12 所示，适当调整第一行、第一列的高度、宽带，双击左上角第一个单元格，输入"序号"。

图 8-12　输入"序号"

（15）如图 8-13 所示，右击"序号"下方的单元格，选择"表达式"。

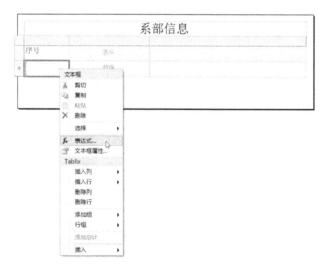

图 8-13　选择"表达式"

（16）如图 8-14 所示，在"为以下项设置表达式"中输入：

=RowNumber("Department")

单击"确定"按钮。

图 8-14 输入序号表达式

（17）在该文本框的属性窗口，设置"TextAlign"属性为"Left"。

（18）如图 8-15 所示，在"报表数据"窗口，拖动"dsXk"下"Department"下的"DepartNo"到报表的第二列。

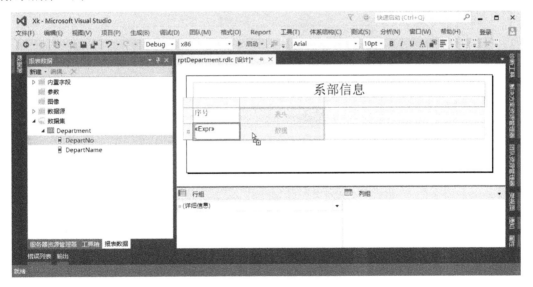

图 8-15 拖放列

（19）如图 8-16 所示，双击"序号"右侧的单元格，将"DepartNo"修改为"系部代码"。适当调整该列的宽度。此时可能看到中文不能正常显示。

图 8-16　商品代码列设置

（20）如图 8-17 所示，右击"序号"右侧的单元格，选择"文本属性"。

图 8-17　选择"文本属性"

（21）如图 8-18 所示，设置字体为"宋体"，大小为"12pt"，单击"确定"按钮。

图 8-18　设置文本属性

（22）如图 8-19 所示，现在"系部代码"中文可正常显示，以后类似问题不再赘述。

图 8-19　中文可正常显示

后续所有单元格和文本框都请设置正确字体。

（23）在"报表数据"窗口，拖动"dsXk"下"Department"下的"DepartName"到报表的第三列。

（24）如图 8-20 所示，双击"系部代码"右侧的单元格，输入"系部名称"，并设置适当的字体。

图 8-20　设置系部名称

（25）如图 8-21 所示，右击报表的空白位置，选择"添加页脚"。

图 8-21　插入页脚

（26）如图 8-22 所示，在"工具箱"的"报表项"选项卡中，将"文本框"拖放到"页脚"的左边。

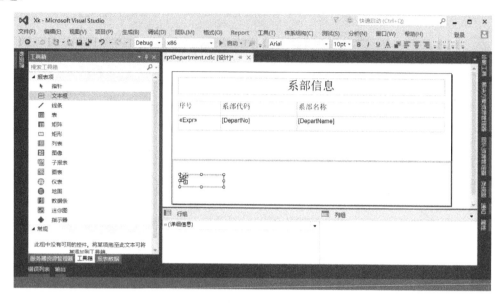

图 8-22　拖放文本框

（27）如图 8-23 所示，右击左下角的单元格，选择"表达式"。

图 8-23　选择"表达式"

（28）如图 8-24 所示，在"为以下项设置表达式"中输入：

="打印日期时间："&CDate(Globals!ExecutionTime).ToString("yyyy-MM-dd hh:mm:ss")

单击"确定"按钮。

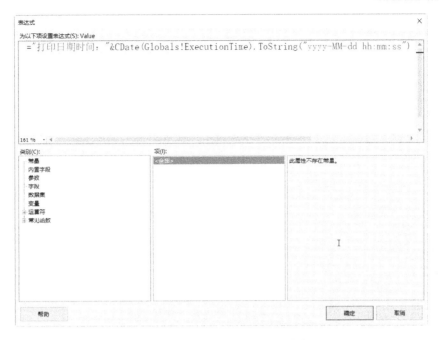

图 8-24 输入打印日期时间表达式

（29）如图 8-25 所示，在"工具箱"的"报表项"选项卡中，将"文本框"拖放到"页脚"的右边。在该文本框的属性窗口，设置"TextAlign"属性为"Right"。

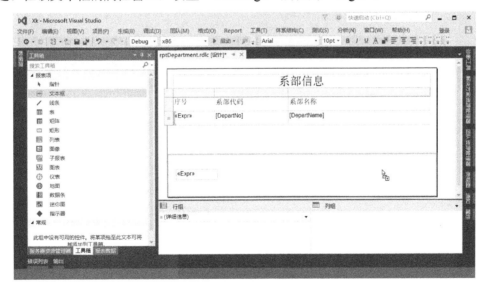

图 8-25 拖放文本框

（30）如图 8-26 所示，右击右下角的单元格，选择"表达式"。

图 8-26　选择"表达式"

（31）如图 8-27 所示，在"为以下项设置表达式"中输入：

="第"&CStr(Globals!PageNumber)&"页，共"&CStr(Globals!TotalPages)&"页"

图 8-27　输入页码表达式

单击"确定"按钮。

（32）如图 8-28 所示，右击单元格，选择"文本框属性"。

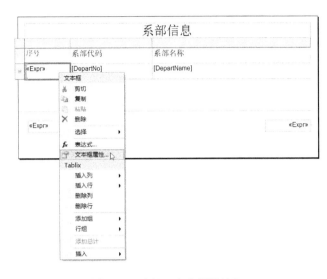

图8-28 选择"文本框属性"

（33）如图 8-29 所示，在左侧单击"边框"，颜色选择"黑色"，单击选中"外边框"，单击"确定"按钮。

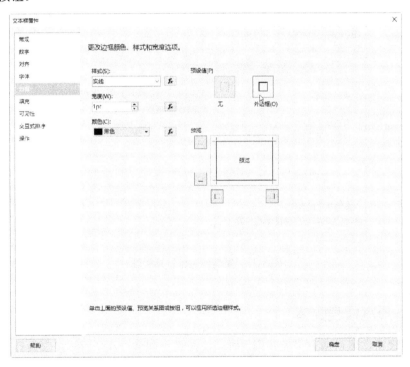

图8-29 设置文本框属性

读者可根据自己的需要进行设定，编者这里将所有其他的单元格都设置为显示外边框。

（34）如图 8-30 所示，在"解决方案资源管理器"中右击"rptDepartment.rdlc"，选择"属性"。

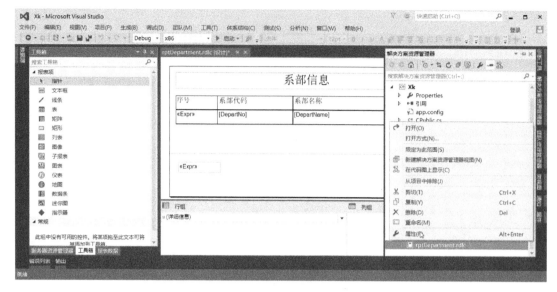

图 8-30　报表属性

（35）如图 8-31 所示，"复制到输出目录"属性选择"始终复制"。

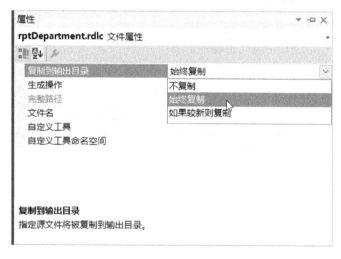

图 8-31　复制到输出目录属性

8.1.2　准备预览报表窗体

该预览报表窗体可供所有报表共用，所以仅在这里创建一次，后续报表设计就不用再重复该步骤了。

（1）在"解决方案资源管理器"中右击 Xk 项目，选择"添加"下的"Windows 窗体"命令，在"名称"文本框中输入"frmPrint"，单击"确定"按钮。设置窗体的 Text 属性为"报表预览"，适当调整窗体的大小。

（2）如图 8-32 所示，在"工具箱"的"报表"面板中，将"ReportViewer"拖放到窗体上，这是一个报表预览控件。

设置该控件的 Dock 属性为"Fill"，即填满窗体。

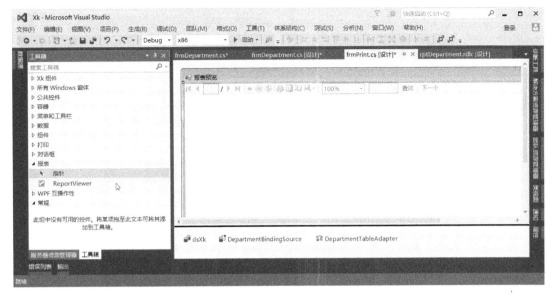

图 8-32　放入报表预览控件

该控件默认名称为"reportViewer1"，保持默认名称，后面编程将会用到该控件。

（3）如图 8-33 所示，设置"reportViewer1"的 Modifiers 属性为"Internal"。因为后面我们需要在类外部访问该变量。

图 8-33　设置 Modifiers 属性

8.1.3　调用报表

（1）在"解决方案资源管理器"中双击 frmDepartment，打开该窗体的设计界面。

（2）如图 8-34 所示，在工具栏上添加一个 Button。

（3）设置 Text 属性为"打印"、ToolTipText 属性为"打印"、Name 属性为"tsbPrint"、Image 属性为适当的图片，完成后如图 8-35 所示。

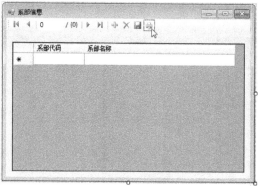

图 8-34　加入打印按钮　　　　　　　　　图 8-35　设置打印按钮的属性

（4）双击"打印"按钮，生成其 Click 事件框架，编写代码如下。

```csharp
private void toolStripButton1_Click(object sender, EventArgs e)
{
    frmPrint p = new frmPrint();

    p.reportViewer1.LocalReport.ReportPath = "rptDepartment.rdlc";
    p.reportViewer1.LocalReport.DataSources.Clear();

    // 设置报表的数据源
    p.reportViewer1.LocalReport.DataSources.Add(
    new Microsoft.Reporting.WinForms.ReportDataSource("Department", departmentBindingSource));

    p.reportViewer1.LocalReport.Refresh();

    // 以模态窗体的形式显示预览窗体
    p.ShowDialog();
}
```

（5）在主窗体中单击"系部信息"菜单，单击 按钮，运行效果如图 8-36 所示。

图 8-36　报表预览运行效果

8.2　打印来自自定义表的数据

在"按班级性别统计学生人数"页面加入该统计查询的打印功能。通过该功能，我们将学习打印来自自定义表的数据。

8.2.1　修改数据集，准备报表所需的 DataTable

（1）在"解决方案资源管理器"中双击 dsXk，打开数据集。

在"按班级性别统计学生人数"功能中打印的数据有"班级名称"、"性别"、"人数"。来看看现在数据集的情形，并没有某个 DataTable 适合拿来设计报表。所以下面我们将自己添加一个 DataTable，供报表设计使用。

（2）如图 8-37 所示，右击数据集空白处，选择"添加"下的"TableAdapter"命令。

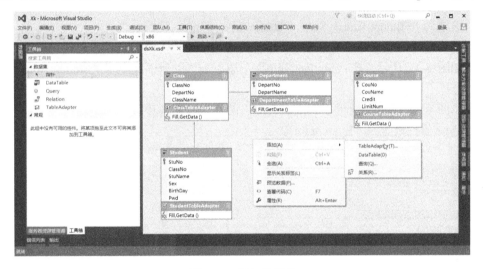

图 8-37　添加数据表

（3）如图 8-38 所示，新添加的数据表默认名称为"DataTable1"，单击"DataTable1"，输入"StudentNumBySex"，我们将其重命名为"StudentNumBySex"。

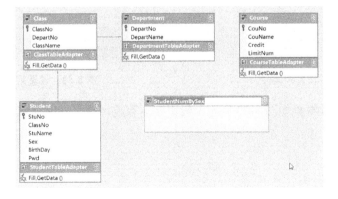

图 8-38　重命名数据表

（4）如图 8-39 所示，右击"StudentNumBySex"，选择"添加"下的"列"命令。

（5）如图 8-40 所示，为刚添加的列输入名称为"ClassName"。

图 8-39　为数据表添加列　　　　　　　　　　　　　图 8-40　为数据列输入新的名称

（6）继续为"StudentNumBySex"添加新的列，Name 为"Sex"。

（7）继续为"StudentNumBySex"添加新的列，Name 为"StudentNum"。

（8）如图 8-41 所示，在"StudentNum"左边单击，以保证选中了"StudentNum"列，然后右击，选择"属性"命令。

（9）如图 8-42 所示，设置"StudentNum"的属性，使其和数据库中的定义一致。这里我们将 DataType 属性设置为"System.Int32"。

图 8-41　准备设置列属性　　　　　　　　　　　　　图 8-42　设置列属性

（10）设计好的数据集如图 8-43 所示。设置完后存盘，最好先编译或运行一下再继续后面的操作。

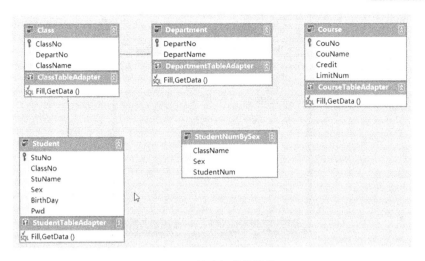

图 8-43　设计好的数据集

8.2.2　创建报表

（1）在"解决方案资源管理器"中右击 Xk 项目，选择"添加"下的"新建项"命令。

（2）出现如图 8-44 所示的对话框，左侧选择"Reporting"，右侧选择"报表"，输入名称为"rptStudentNumBySex.rdlc"，单击"添加"按钮。

图 8-44　添加报表

（3）如图 8-45 所示，在"报表数据"窗口单击"新建"，再选择"数据集"。

图 8-45　新建数据集

（4）如图 8-46 所示，在"名称"栏输入"StudentNumBySex"，在"数据源"下拉列表中选择"dsXk"，在"可用数据集"下拉列表中选择"StudentNumBySex"。

图 8-46　数据集属性

（5）设计报表抬头。如图 8-47 所示，在"工具箱"的"报表项"选项卡中，将"文本框"拖放到报表中。

图 8-47　拖放文本框

（6）设置文本框属性如下。

FontFamilly：宋体

FontSize：20pt

TextAlign：Center，表示文本居中对齐。

（7）双击文本框，输入"按班级性别统计学生人数"。

（8）设计报表数据行。在"工具箱"的"报表项"选项卡中，将"表"拖放到报表中。

（9）如图 8-48 所示，在"报表数据"窗口，拖动"dsXk"下"StudentNumBySex"下的"ClassName"到报表的第 1 列。

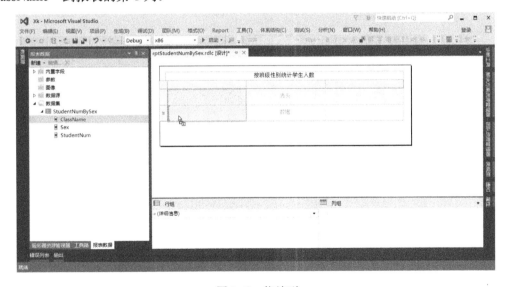

图 8-48　拖放列

（10）如图 8-49 所示，双击"ClassName"单元格，将"ClassName"修改为 "班级名称"。适当调整该列的宽度。设置字体为"宋体"。

图 8-49　ClassName 列设置

（11）在"报表数据"窗口，拖动"dsXk"下"StudentNumBySex"下的"Sex"到报表的第 2 列。

（12）双击"Sex"单元格，将"Sex"修改为"性别"。适当调整该列的宽度。设置字体为"宋体"。

（13）在"报表数据"窗口，拖动"dsXk"下"StudentNumBySex"下的"StudentNum"到报表的第 3 列。

（14）双击"StudentNum"单元格，将"StudentNum"修改为"人数"。适当调整该列的宽度。设置字体为"宋体"。

（15）根据自己的需要设定单元格外边框。

（16）在"解决方案资源管理器"中右击"rptStudentNumBySex.rdlc"，选择"属性"。

（17）如图 8-50 所示，"复制到输出目录"属性选择"始终复制"。

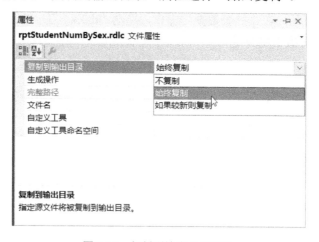

图 8-50　复制到输出目录属性

8.2.3　调用报表

（1）如图 8-51 所示，打开 frmStudentNumGroupByClassSex 的设计界面，放一个 Button，设置 Text 属性为"打印"、Name 属性为"btnPrint"。

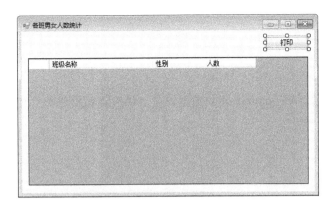

图 8-51 加入"打印"按钮

（2）双击"打印"按钮，编写其 Click 事件代码如下。

```
frmPrint p = new frmPrint();

p.reportViewer1.LocalReport.ReportPath = "rptStudentNumBySex.rdlc";
p.reportViewer1.LocalReport.DataSources.Clear();

// 设置报表的数据源
p.reportViewer1.LocalReport.DataSources.Add(
new Microsoft.Reporting.WinForms.ReportDataSource("StudentNumBySex", ds.Tables[0]));

p.reportViewer1.LocalReport.Refresh();

// 以模态窗体的形式显示预览窗体
p.ShowDialog();
```

（3）运行，在主窗体中选择"统计查询"菜单下的"按班级性别统计学生人数"命令，单击"打印"按钮，运行效果如图 8-52 所示。

图 8-52 打印运行效果

实　训

1. 设计报表，能打印 Suppliers 表的数据。在"供应商数据维护"窗体中调用该报表，打印效果大致如图 8-S-1 所示。

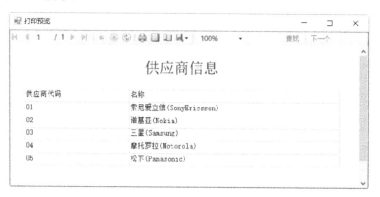

图 8-S-1　Suppliers 打印大致效果图

2. 设计报表，能打印"按供应商统计销售金额"的统计结果，打印效果大致如图 8-S-2 所示。

图 8-S-2　按供应商统计销售金额打印大致效果图

执着专注、精益求精、一丝不苟、追求卓越

2020 年 11 月 24 日，在全国劳动模范和先进工作者表彰大会上，习近平总书记高度概括了工匠精神的深刻内涵，强调劳模精神、劳动精神、工匠精神是以爱国主义为核心的民族精神和以改革创新为核心的时代精神的生动体现，是鼓舞全党全国各族人民风雨无阻、勇敢前进的强大精神动力。

在软件开发时只有坚持工匠精神，才能开发出用户满意的产品。

第9章

系统完善

学习目标

开发系统"关于"框，学习使用程序集信息；异常处理；DataGridView 单击列标题时取消排序；用 Singleton 模式防止 MDI 子窗体的多实例化。

9.1 设计"关于"窗体

本章微课视频

9.1.1 设置项目属性

（1）如图 9-1 所示，在"解决方案资源管理器"中右击 Xk 项目，选择"属性"命令。

（2）如图 9-2 所示，左侧选择"应用程序"，单击"程序集信息"按钮。

（3）如图 9-3 所示，在"程序集信息"对话框中输入各项的值，单击"确定"按钮。

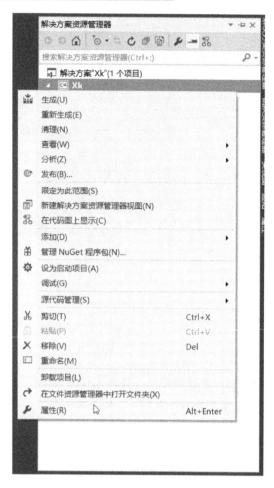

图 9-1　设置项目属性

图 9-2　单击"程序集信息"按钮

图 9-3 程序集信息

9.1.2 设计窗体

（1）在"解决方案资源管理器"中右击 Xk 项目，选择"添加"下的"新建项"命令。如图 9-4 所示，在模板中选择"'关于'框"，在"名称"栏输入"frmAboutBox.cs"，单击"添加"按钮。

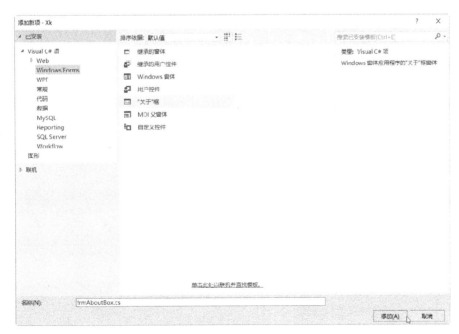

图 9-4 "添加新项"对话框

（2）在"解决方案资源管理器"中双击"frmMain"，打开该窗体的设计界面，双击"系统"下的"关于"菜单项，为该菜单项编写 Click 事件，代码如下。

通常"关于"对话框会以模态窗体的形式显示。

```
private void 关于 ToolStripMenuItem_Click(object sender, EventArgs e)
{
    frmAboutBox f = new frmAboutBox();
    f.ShowDialog();
}
```

（3）运行。登录后，在主菜单中选择"系统"下的"关于"命令，运行结果如图 9-5 所示。

图 9-5　"关于"对话框

（4）切换到 AboutBox 的代码视图，如图 9-6 所示，系统的"关于"对话框已经帮我们写好了很多方法。读者还可以单击"程序集属性访问器"前的加号，展开查看更多细节的代码。

```
Xk.frmAboutBox                                                    AssemblyTitle
 1  using System;
 2  using System.Collections.Generic;
 3  using System.ComponentModel;
 4  using System.Drawing;
 5  using System.Linq;
 6  using System.Reflection;
 7  using System.Windows.Forms;
 8
 9  namespace Xk
10  {
11      partial class frmAboutBox : Form
12      {
13          public frmAboutBox()
14          {
15              InitializeComponent();
16              this.Text = String.Format("关于 {0}", AssemblyTitle);
17              this.labelProductName.Text = AssemblyProduct;
18              this.labelVersion.Text = String.Format("版本 {0}", AssemblyVersion);
19              this.labelCopyright.Text = AssemblyCopyright;
20              this.labelCompanyName.Text = AssemblyCompany;
21              this.textBoxDescription.Text = AssemblyDescription;
22          }
23
24          程序集特性访问器
103      }
104  }
105
```

图 9-6　"关于"对话框的代码

9.2 异常

9.2.1 异常的概念

异常处理功能可帮助我们处理程序运行时出现的任何意外或异常情况。异常处理使用 try、catch 和 finally 关键字尝试某些操作，以处理失败情况。尽管这些操作有可能失败，但如果确定需要这样做，且希望在事后清理资源，就可以尝试这样做。

异常具有以下特点。

● 各种类型的异常最终都是由 System.Exception 派生而来的。

● 在可能引发异常的语句周围使用 try 块。

● 一旦 try 块中发生异常，控制流将跳转到第一个关联的异常处理程序。catch 关键字用于定义异常处理程序。

● 如果给定异常没有异常处理程序，则程序将停止执行，并显示一条错误消息。

● 即使发生异常也会执行 finally 块中的代码。通常使用 finally 块释放资源，例如，关闭在 try 块中打开的任何流或文件。

9.2.2 异常的处理

本节将针对数据库的常用异常处理操作进行演练。

（1）打开 frmSelectCourse 窗体，切换到代码窗口。

（2）改写 getCourse 方法，代码如下。

```
private void getCourse()
{
    SqlConnection cn = new SqlConnection(Properties.Settings.Default.Xk ConnectionString);
    string sql = " SELECT * FROM Course ORDER BY CouNo";
    SqlDataAdapter da = new SqlDataAdapter(sql, cn);
    try
    {
        cn.Open();
        da.Fill(ds, "Course");
    }
    catch (Exception ex)
    {
        MessageBox.Show(" 错 误 "+ex.Message," 错 误 信 息 ",MessageBoxButtons.OK,  MessageBoxIcon.Error);
    }
    finally
    {
        cn.Close();
    }
```

```
        dgvCourse.DataSource = ds.Tables["Course"];
}
```

（3）切换到设计窗口，双击"提交"按钮，改写其 Click 事件，代码如下。

```
private void btnUpdate_Click(object sender, EventArgs e)
{
    bool isSuccess = false;
    SqlConnection cn = new SqlConnection(Properties.Settings.Default. XkConnectionString);
    string sql = " DELETE FROM StuCou WHERE StuNo=@StuNo";
    SqlCommand cmd = new SqlCommand(sql, cn);
    cmd.Parameters.Add("StuNo",SqlDbType.NVarChar,8).Value=
CPublic.LoginInfo["StuNo"]. ToString();
    cn.Open();
    cmd.ExecuteNonQuery();
    cn.Close();
    for (int i = 0; i < dgvSelectCourse.Rows.Count; i++)
    {
        sql = " INSERT StuCou(StuNo,CouNo,WillOrder,State)
VALUES(@StuNo,@CouNo,@WillOrder,@State)";
        cmd = new SqlCommand(sql, cn);
        cmd.Parameters.Add("StuNo", SqlDbType.NVarChar, 8).Value =
CPublic.LoginInfo["StuNo"].ToString();
        cmd.Parameters.Add("CouNo", SqlDbType.NVarChar, 8).Value =
dgvSelectCourse.Rows[i].Cells["SelectCouNo"].Value;
        cmd.Parameters.Add("WillOrder", SqlDbType.SmallInt).Value = i + 1;
        cmd.Parameters.Add("State", SqlDbType.NVarChar, 2).Value = "报名";
        try
        {
            cn.Open();
            cmd.ExecuteNonQuery();
            isSuccess = true;
        }
        catch
        {
            isSuccess = false;
        }
        finally
        {
            cn.Close();
        }
    }
    ds.Tables["StuCou"].Clear();
    getStuCou();
    if (isSuccess)
        MessageBox.Show("数据提交成功", "提示", MessageBoxButtons.OK,
MessageBoxIcon.Information);
    else
        MessageBox.Show("数据提交失败", "错误信息", MessageBoxButtons.OK,
```

```
MessageBoxIcon.Error);
    }
```

实际上，相关代码都应加上异常处理，本书只是作为教学，以此为例说明。读者在实际项目开发中需要的地方都应加上适当的异常处理。

关于 catch 中是否显示 ex.Message，读者可自行决定，通常显示 ex.Message 方便开发人员进行调试。对最终用户通常可以显示一些友好的提示，不要那么专业。所以编者在（2）、（3）步骤里分别给出了两种不同的写法。

9.3　DataGridView 单击列标题时取消排序

DataGridView 默认单击列标题是可以排序的，该功能很强大，但有时候我们并不希望为用户提供该功能。

9.3.1　通过可视化方式设定 DataGridView 的所有列不排序

（1）还以 frmSelectCourse 窗体为例说明，打开 frmSelectCourse 窗体的设计界面。

（2）单击 dgvSelectCourse 右上角的任务标志，选择"编辑列"选项。

（3）如图 9-7 所示，设置 SortMode 属性为"NotSortable"。

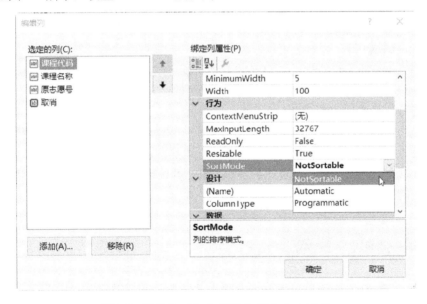

图 9-7　设置 SortMode 属性为"NotSortable"

（4）依次设定每一列的 SortMode 属性均为"NotSortable"。

是不是有点烦呢？特别是列很多的时候。没办法，没有可以一次设定 DataGridView 的所有列不排序的操作。

9.3.2　通过编写通用方法设定 DataGridView 的所有列不排序

下面用代码的方式来实现同样的功能。

在"解决方案资源管理器"中双击"CPublic.cs"，编写一个自定义方法，该方法带一个参数，参数类型当然就是 DataGridView 了。

```
public static void notSortDataGridView(System.Windows.Forms.DataGridView dgv)
{
    for (int i = 0; i < dgv.Columns.Count; i++)
    {
        dgv.Columns[i].SortMode =
System.Windows.Forms.DataGridViewColumnSortMode.NotSortable;
    }
}
```

9.3.3　调用方法禁止 DataGridView 单击列标题时排序

（1）切换到 SelectCourse 的代码窗口，在窗体的 Load 事件代码的最后添加一行代码。

```
CPublic.notSortDataGridView(dgvCourse);
```

如果项目中其他窗体也不希望有 DataGridView 排序，类似这样调用 PublicClass 的 notSortDataGridView 方法就可以了。

（2）运行，测试一下。

dgvSelectCourse 不可以排序了，这是我们用可视方式设置实现的。

dgvCourse 也不可以排序了，这是我们用自己写的比较通用的方法实现的。

读者可自行选择实现的方式。

这些小技巧或者是小应用，在这里只能是讲某一个具体的例子。其实编者更希望读者能够通过熟悉控件、类的方法、属性来自己编写代码以达到自己的目的。当然，这有一个循序渐进的过程，读者可先在网上搜索一些现成的实现方法，并读懂代码，看多了以后再加上自己主动要有一些思考的意识，自然就会自己编写了。

9.4　Singleton 模式

9.4.1　Singleton 模式的概念

Singleton 模式，顾名思义，就是只有一个实例。Singleton 模式确保某一个类只有一个实例。

按照设计模式中的定义，Singleton 模式的用途是"ensure a class has only one instance, and provide a global point of access to it（确保每个类只有一个实例，并提供它的全局访问点）"。Singleton 模式设计的要点是：应该由类本身来负责只使用一个类实例，而不是由类用户来负责。我们设计时应该考虑使用某种方法来控制如何创建类实例，然后确保在任何给定的时间只创建一个类实例。

9.4.2　用 Singleton 模式防止 MDI 子窗体的多实例化

（1）以 Department 窗体为例说明，先运行看看现在的情形，如图 9-8 所示，在主菜单中多次单击"系部信息"菜单，将出现该窗体的多个实例。

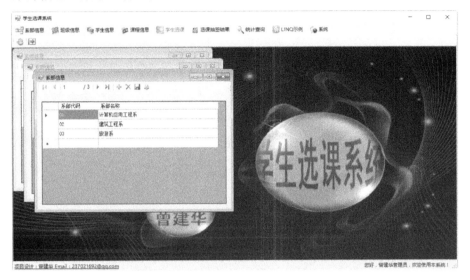

图 9-8　多次单击"系部信息"菜单将出现该窗体的多个实例

（2）在"解决方案资源管理器"中双击"frmDepartment"，打开该窗体。

（3）切换到代码窗口，如图 9-9 所示，添加和改写代码（构造函数改写为 Private）。

（4）如图 9-10 所示，在"解决方案资源管理器"中展开 frmDepartment.cs，双击 frmDepartment.Designer.cs。

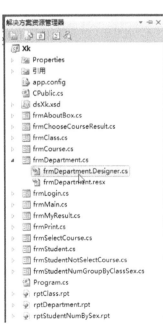

```
public partial class frmDepartment : Form
{
    private static frmDepartment _Instance = null;

    public static frmDepartment Instance()
    {
        if (_Instance == null)
            _Instance = new frmDepartment();
        return _Instance;
    }

    private frmDepartment()
    {
        InitializeComponent();
    }
```

图 9-9　改写 frmDepartment 代码　　　　图 9-10　双击 frmDepartment.Designer.cs

（5）如图 9-11 所示，在 Dispose 方法最后加入一句代码。

```
protected override void Dispose(bool disposing)
{
    if (disposing && (components != null))
    {
        components.Dispose();
    }
    base.Dispose(disposing);

    _Instance = null;
}
```

图 9-11　改写 Dispose 方法

（6）打开 frmMain 窗体，改写"系部信息"菜单的 Click 事件，代码如下。

```
private void 系部信息 ToolStripMenuItem_Click(object sender, EventArgs e)
{
    frmDepartment f = frmDepartment.Instance();
    f.MdiParent = this;
    f.Show();
    f.Focus();
}
```

（7）运行，测试。现在单击"系部信息"菜单就不会出现多个实例了。

其他窗体在这里就不做修改了。读者可根据需要决定是否将窗体设计成单实例模式。

实　训

1．设计"关于"窗体，大致效果如图 9-S-1 所示。

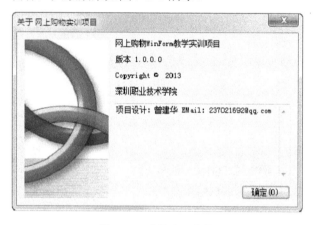

图 9-S-1　"关于"窗体

2．按 Singleton 模式的思路，将前面项目中完成的供应商数据维护窗体控制为只能实例化一次。

第10章

控件开发

学习目标

学会开发用户控件和复合控件，设置控件开发过程中的属性（Property）和事件（Event），能根据自己的需要开发适合的控件。

10.1 用户控件

本章微课视频

创建控件的一种方法是通过 UserControl 继承创建。UserControl 类提供控件所需的所有基本功能（包括鼠标和键盘处理事件），但不提供控件特定的功能或图形界面。

若要实现用户控件，通常编写该控件的 OnPaint 事件的代码，以及所需的任何功能特定的代码。

通常在以下情况下，需要从 UserControl 类继承：想要提供控件的自定义图形化表示形式；需要实现无法从标准控件获得的自定义功能。

10.1.1 开发用户控件

本节将设计开发一个椭圆形的按钮，鼠标离开按钮和进入按钮时，按钮的边框和背景色发生变化；鼠标单击按钮时会触发一个 Click 事件。

根据功能需求，该控件设计如下。

● 从 UserControl 派生自定义控件。
● 在控件内部重写 OnPaint 事件来绘制按钮界面。
● 重写 OnMouseMove、OnMouseEnter、OnMouseLeave 事件来实现按钮的动态效果。
● 重写 OnClick 事件来触发 Click 事件。

（1）如图 10-1 所示，在"解决方案资源管理器"中右击 Xk 项目，选择"添加"下的"用户控件"命令。

图 10-1　选择"用户控件"

（2）如图 10-2 所示，在"添加新项"对话框中，输入名称为"EllipseButton.cs"，单击"添加"按钮。

图 10-2　添加用户控件

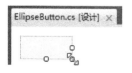

图 10-3　调整控件的大小

（3）如图 10-3 所示，调整控件的大小和常用的按钮大小一致。

（4）定义控件的属性，这里我们定义了边框色、按钮背景色、鼠标悬停时边框的颜色、鼠标悬停时的背景色、按钮文本。切换到 EllipseButton.cs 的代码界面，在 EllipseButton 类中编写代码声明如下属性。

```
// 按钮边框色
private Color intBorderColor = Color.Blue;
public Color BorderColor
{
    get { return intBorderColor; }
    set { intBorderColor = value; }
}
// 按钮背景色
private Color intButtonBackColor = Color.White;
public Color ButtonBackColor
{
    get { return intButtonBackColor; }
    set { intButtonBackColor = value; }
}
// 鼠标悬停时的边框色
private Color intHoverBorderColor = Color.Red;
public Color HoverBorderColor
{
    get { return intHoverBorderColor; }
    set { intHoverBorderColor = value; }
}
// 鼠标悬停时的背景色
private Color intHoverBackColor = Color.SkyBlue;
public Color HoverBackColor
{
    get { return intHoverBackColor; }
    set { intHoverBackColor = value; }
}
// 按钮文本
private string strCaption = null;
public string Caption
{
    get { return strCaption; }
    set { strCaption = value; }
}
```

（5）定义一个鼠标悬停标志变量，在 EllipseButton 类中编写代码如下。

```
// 鼠标悬停标志
private bool bolMouseHoverFlag = false;
```

（6）重写控件的 OnPaint 方法，继续在 EllipseButton 类中编写代码如下。

```
protected override void OnPaint(PaintEventArgs e)
{
    base.OnPaint(e);
    // 创建椭圆路径
    using (System.Drawing.Drawing2D.GraphicsPath path =
                new System.Drawing.Drawing2D.GraphicsPath())
```

```
        {
            path.AddEllipse(0, 0, this.ClientSize.Width - 1, this.ClientSize. Height - 1);
            // 填充背景色
            using (SolidBrush b = new SolidBrush(
                        bolMouseHoverFlag ? this.HoverBackColor : this.Button
BackColor))
            {
                e.Graphics.FillPath(b, path);
            }
            // 绘制边框
            using (Pen p = new Pen(
                        bolMouseHoverFlag ? this.HoverBorderColor : this.Border Color, 2))
            {
                e.Graphics.DrawPath(p, path);
            }
        }
        if (this.Caption != null)
        {
            // 绘制文本
            using (StringFormat f = new StringFormat())
            {
                // 水平居中对齐
                f.Alignment = System.Drawing.StringAlignment.Center;
                // 垂直居中对齐
                f.LineAlignment = System.Drawing.StringAlignment.Center;
                // 设置为单行文本
                f.FormatFlags = System.Drawing.StringFormatFlags.NoWrap;
                // 绘制文本
                using (SolidBrush b = new SolidBrush(this.ForeColor))
                {
                    e.Graphics.DrawString(this.Caption,this.Font,b,new  System.Drawing.RectangleF(0,0,  this.
ClientSize.Width,this.ClientSize.Height),f);
                }
            }
        }
    }
```

在这个方法中，我们首先创建了一个 GraphicsPath 对象，这个对象表示一个路径。路径就是若干条直线和曲线的组合。我们可以向路径对象中添加各种直线段或曲线。在这里，我们调用它的 AddEllipse 方法向路径中添加了一个椭圆曲线。

创建一个椭圆路径后，我们就可以绘制椭圆形了。首先创建一个 SolidBrush 对象，然后调用图形绘制对象的 FillPath 方法来填充路径，再创建 Pen 对象，使用 Graphics 的 DrawPath 方法来绘制路径。

很多图形编程对象，如 SolidBrush、Pen、GraphisPath，其内部都使用了非托管资源，在不使用的时候要销毁这些对象，因此在代码中使用了 using 语法结构来处理这些对象。

这里使用鼠标悬停标志变量 bolMouseHoverFlag，使得鼠标悬停和不悬停时按钮的背景色和边框色有所不同。

　　绘制出椭圆区域后，我们就可以绘制按钮文本了。首先创建一个 StringFormat 对象，用于控制绘制文本时的样式。设置文本格式为水平居中对齐方式、垂直居中对齐样式，而且还不能换行，只能显示单行文本。

　　我们根据文本颜色创建一个 SolidBrush 对象，然后绘制文本，再调用图形绘制对象的 DrawString 方法来绘制字符串。

　　（7）添加代码来实现鼠标悬停的动态效果。我们将编写一个 CheckMouseHover 方法，用于判断鼠标是否悬停到按钮上面。由于按钮是椭圆形，控件上有部分内容不属于按钮区域，因此即使鼠标在控件上面，也要判断鼠标光标是否在椭圆形区域中。在 EllipseButton 类中编写 CheckMouseHover 方法的代码如下。

```
private bool CheckMouseHover(int x, int y)
{
    using (System.Drawing.Drawing2D.GraphicsPath path = new
System.Drawing.Drawing2D.GraphicsPath())
    {
        path.AddEllipse(0, 0, this.ClientSize.Width - 1, this.ClientSize. Height - 1);
        bool flag = path.IsVisible(x, y);
        if (flag != bolMouseHoverFlag)
        {
            bolMouseHoverFlag = flag;
            this.Invalidate();
        }
        return flag;
    }
}
```

　　（8）重写控件的 OnMouseMove 方法，处理鼠标移动事件。该事件处理中，只是简单地调用 CheckMouseHover 成员，参数就使用鼠标光标位置。在 EllipseButton 类中编写 OnMouseMove 方法的代码如下。

```
protected override void OnMouseMove(MouseEventArgs e)
{
    this.CheckMouseHover(e.X, e.Y);
    base.OnMouseMove(e);
}
```

　　（9）重写 OnMouseLeave 方法，处理鼠标离开控件客户区的事件，取消控件的鼠标悬停状态。在 EllipseButton 类中编写 OnMouseLeave 方法的代码如下。

```
protected override void OnMouseLeave(EventArgs e)
{
    this.CheckMouseHover(-1, -1);
    base.OnMouseLeave(e);
}
```

　　（10）重写 OnClick 方法，在 EllipseButton 类中编写 OnClick 方法的代码如下。

```
protected override void OnClick(EventArgs e)
{
    Point p = System.Windows.Forms.Control.MousePosition;
    p = base.PointToClient(p);
    if (CheckMouseHover(p.X, p.Y))
    {
        base.OnClick(e);
    }
}
```

由于按钮是椭圆形的，当用户用鼠标单击控件时，要判断单击点是否在椭圆形区域中，从而判断是否需要触发 Click 事件。因此我们重写 OnClick 方法来处理控件的 Click 事件。

OnClick 方法的参数没有指明鼠标光标位置，所以我们自己计算鼠标光标在客户区中的位置。我们使用 Control 类型的 MousePosition 静态属性获得鼠标光标在计算机屏幕中的位置，然后使用控件的 PointToClient 函数将这个坐标从计算机屏幕坐标转换为控件客户区坐标，再调用 CheckMouseHover 函数，判断这个坐标是否在椭圆形区域中。若鼠标在椭圆形区域中，则调用 base.OnClick 方法，触发 Click 事件。

（11）编译项目。

随便进入一个窗体设计器，在"工具箱"的"Xk 组件"面板上可以看到有一个 EllipseButton，单击该项目就可以在窗体上放置一个椭圆形的按钮了。我们可以在属性列表中设置它的边框色、按钮背景色，鼠标悬停时边框的颜色、按钮背景色、按钮文本。

10.1.2 使用用户控件

（1）如图 10-4 所示，打开 frmStudentNumGroupByClassSex 的设计界面，在"工具箱"的"Xk 组件"面板上将"EllipseButton"控件拖放到窗体上。

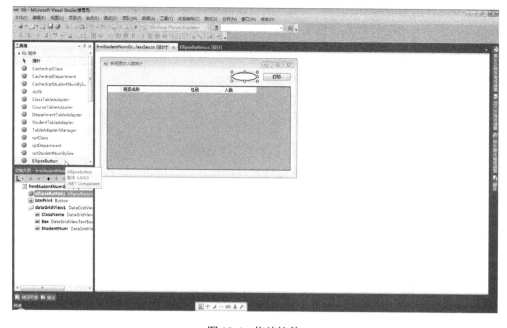

图 10-4 拖放控件

（2）如图 10-5 所示，设置 EllipseButton 的 Caption 属性为"打印"。本教材以教学为目的，将该按钮和原来的"打印"按钮同时保留在窗体上以供学习，实际应用中当然只需要其中一个按钮即可。

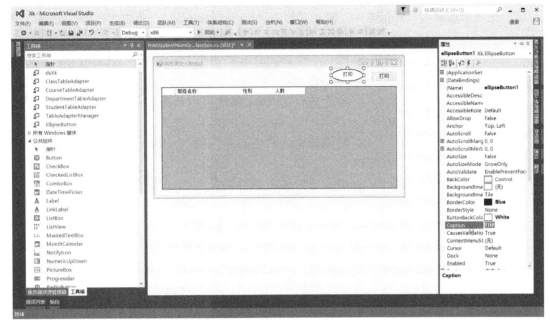

图 10-5　加入"打印"按钮

（3）如图 10-6 所示，设置 EllipseButton 的 Click 事件为与原"打印"按钮一样的事件 btnPrint_Click。

（4）在主窗体中选择"统计查询"菜单下的"按班级性别统计学生人数"命令，单击椭圆形的"打印"按钮，测试鼠标进出该按钮时的效果，单击该按钮也将执行打印功能。

（5）运行测试。

10.2　复合控件

复合控件提供了一种创建和重用自定义图形界面的方法，其本质是具有可视化表示形式的组件。因此，它可能包含一个或多个 Windows 窗体控件、组件或代码块，它们能够通过验证用户输入、修改显示属性或执行其他任务来扩展功能。用户可以按照与其他控件相同的方式将复合控件置于 Windows 窗体中。

我们常常需要为了某一特殊用途而把现有控件结合起来使用，比如结合了 Label 和 TextBox 的控件就非常容易在窗体上布局，而结合了特定图案和文字的控件则非常适合显示公司的 Logo。

下面一起来设计一个用于系统登录的复合控件。

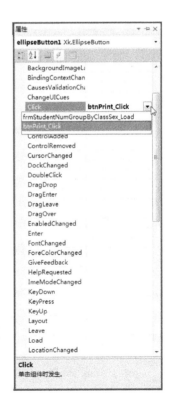

图 10-6　设置 Click 事件

10.2.1　开发登录系统的复合控件

（1）在"解决方案资源管理器"中右击 Xk 项目，选择"添加"下的"用户控件"命令。

（2）在"添加新项"对话框中，输入名称为"LoginControl.cs"，单击"添加"按钮。

（3）与登录窗体设计界面类似，如图 10-7 所示，适当调整控件的大小，放入一个 PictureBox、两个 Label、两个 TextBox、两个 Button 和一个 CheckBox。

① 各个控件的 Text 属性可以从图中看出来，这里就不再叙述了。

② 将用来输入"用户名"的 TextBox 的 Name 属性设置为"txtID"。

图 10-7　登录控件

③ 将用来输入"密码"的 TextBox 的 Name 属性设置为"txtPwd"。

④ 将用来"登录"的 Button 的 Name 属性设置为"btnLogin"。

⑤ 将用来"退出"的 Button 的 Name 属性设置为"btnExit"。

⑥ 设置 PictureBox 和两个 Button 的 Image 属性，适当美化一下界面。

⑦ 将 CheckBox 的 Name 属性设置为"cbIsManager"、Checked 属性设置为"True"。

（4）定义控件的属性。这里我们公开了两个 Label、两个 TextBox 的 Text 属性以及复选框的 Checked 属性。在 LoginControl 类中编写代码如下。

```csharp
public string LblID
{
    get
    {
        return lblID.Text;
    }
    set
    {
        lblID.Text = value;
    }
}
public string LblPwd
{
    get
    {
        return lblPwd.Text;
    }
    set
    {
        lblPwd.Text = value;
    }
}
public string TxtID
{
    get
```

```
        {
            return txtID.Text;
        }
        set
        {
            txtID.Text = value;
        }
    }
    public string TxtPwd
    {
        get
        {
            return txtPwd.Text;
        }
        set
        {
            txtPwd.Text = value;
        }
    }
    public bool IsManager
    {
        get
        {
            return cbIsManager.Checked;
        }
        set
        {
            cbIsManager.Checked = value;
        }
    }
```

（5）公开控件的事件。这里我们公开了两个事件：单击"登录"按钮和"退出"按钮的事件。在 EllipseButton 类中编写代码如下。

```
public event EventHandler login;
protected void onLogin(object sender, EventArgs e)
{
    if (login != null)
    {
        login(this, e);
    }
}
private void btnLogin_Click(object sender, EventArgs e)
{
    onLogin(sender, e);
}
public event EventHandler exit;
protected void onExit(object sender, EventArgs e)
```

```
{
    if (exit != null)
    {
        exit(this, e);
    }
}
private void btnExit_Click(object sender, EventArgs e)
{
    onExit(sender, e);
}
```

当然，读者也可以根据需要再增加一些属性，如字体、控件大小等，让使用者可以更加灵活地使用控件。

（6）编译项目。

10.2.2 使用复合控件实现系统登录

（1）在"解决方案资源管理器"中右击 Xk 项目，选择"添加"下的"Windows 窗体"命令。

（2）在"添加新项"对话框中，输入名称为"frmLoginWithControl.cs"，单击"添加"按钮。

（3）设置窗体的属性如下。

Text：登录系统

FormBorderStyle：FixedDialog（窗体边界样式，不可改变窗体大小）

MaximizeBox：False（不显示最大化按钮）

MinimizeBox：False（不显示最小化按钮）

StartPosition：CenterScreen（窗体启动后显示在屏幕中间）

（4）如图 10-8 所示，在"工具箱"的"Xk 组件"面板上，将"LoginControl"控件拖放到 frmLoginWithControl 窗体上。

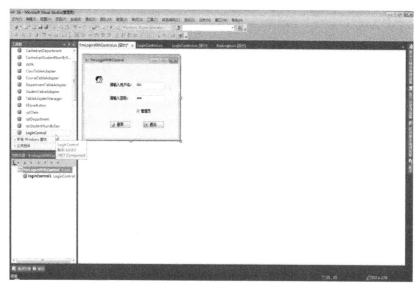

图 10-8 加入复合控件

（5）如图 10-9 所示，查看刚刚放上去的复合控件的属性，可以找到 LblID、LblPwd、TxtID、TxtPwd 及 IsManager 属性。

（6）如图 10-10 所示，查看刚刚放上去的复合控件的事件，可以找到 login 和 exit 事件。

图 10-9　复合控件的属性

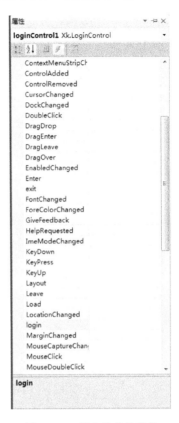

图 10-10　复合控件的事件

（7）在 login 事件处双击，将生成 login 事件框架，编写代码如下。

```
private void loginControl1_login(object sender, EventArgs e)
{
    if (loginControl1.IsManager)
        CPublic.CheckUsers(loginControl1.TxtID, loginControl1.TxtPwd);
    else
        CPublic.CheckStudent(loginControl1.TxtID, loginControl1.TxtPwd);
    if (CPublic.LoginInfo == null)
        MessageBox.Show("密码错误！", "登录", MessageBoxButtons.OK,
MessageBoxIcon.Information);
    else
        Close();
}
```

（8）在 exit 事件处双击，将生成 exit 事件框架，编写代码如下。

```
private void loginControl1_exit(object sender, EventArgs e)
{
```

```
    Close();
}
```

（9）在"解决方案资源管理器"中双击"Program.cs"，找到下面这句代码。

Application.Run(new frmLogin());

将该代码替换为如下代码。

Application.Run(new frmLoginWithControl());

这是为了方便测试控件，测试完后读者可任选其中一句来运行系统。

（10）运行，可以看到使用控件登录窗体时其效果和原来一样。

实　训

1．适当改写本章的登录控件，使其既适合选课系统，也适合实训项目（在控件中编写属性可控制"管理员"CheckBox 是否显示）。

2．使用开发的登录窗体控件实现系统登录。

第*11*章

LINQ 查询技术

学习目标

掌握 LINQ 的常用技术，包括 LINQ TO Object、LINQ TO DataSet、LINQ TO SQL。

查询是一种从数据源检索数据的方式。随着时间的推移，人们已经为各种数据源开发了不同的语言。例如，用于关系数据库的 SQL 和用于 XML 的 XQuery。因此，开发人员不得不针对它们必须支持的每种数据源或数据格式而学习新的查询语言。LINQ 通过提供一种跨各种数据源和数据格式使用数据的一致模型，简化了这一情况。

在 LINQ 查询中，可以使用相同的基本编码模式来查询 SQL 数据库、ADO.NET 数据集、.NET 集合中的数据，以及对其有 LINQ 提供程序可用的任何其他格式的数据。

本章将分别介绍如何使用 LINQ 查询 Object、ADO.NET 数据集、SQL 数据库。

11.1 LINQ TO Object

本章微课视频

11.1.1 LINQ TO Object 简介

LINQ TO Object 是指直接对任意 IEnumerable 或 IEnumerable<（Of <（T>）>）集合使用 LINQ 查询，如 List<（of <（T>）>）、Array 或 Dictionary<（of <（TKey, TValue>）>）。该集合可以是用户定义的集合，也可以是.NET Framework API 返回的集合。

从根本上说，LINQ TO Object 表示一种新的处理集合的方法。采用旧方法，用户必须编写指定如何从集合检索数据的复杂的 foreach 循环，而采用 LINQ 方法，则只需编写描述要检索的内容的声明性代码。

与传统的 foreach 循环相比，LINQ 查询具有三大优势：更简明、更易读，尤其是在筛选多个条件时；使用最少的应用程序代码提供最强大的筛选、排序和分组功能；无须修改或只需做很小的修改即可将它们移植到其他数据源。

通常，对数据执行的操作越复杂，体会到使用 LINQ TO Object 代替传统迭代技术的好处就越多。

11.1.2 　使用 LINQ TO Object

本节在 List 中添加几条示例数据，并通过 LINQ 和传统两种方法来实现查询。注意：不是查询数据库中的数据，所以不能通过 SQL 语句来查询。

（1）在项目中添加新的 Windows 窗体，命名为"frmLinqToObject.cs"。

（2）将窗体拉到适当大小，设置窗体的 Text 属性为"信息查询"。

（3）如图 11-1 所示，放入一个 Label、一个 TextBox、两个 Button 和一个 ListBox。将 Label 的 Text 属性设置为"请输入姓名："，TextBox 的 Name 属性设置为"txtStuName"，第一个 Button 的 Text 属性设置为"使用 LINQ 查询"、Name 属性设置为"btnLinq"，第二个 Button 的 Text 属性设置为"使用 foreach 查询"、Name 属性设置为"btnForeach"。

图 11-1　使用 LINQ TO Object 窗体

（4）在"解决方案资源管理器"中右击 Xk 项目，选择"添加"下的"类"命令。

（5）如图 11-2 所示，输入名称为"CStudent.cs"，单击"添加"按钮。

图 11-2　添加类

（6）在 CStudent 类中编写代码如下。

```
class CStudent
{
    public string StuNo { get; set; }
    public string StuName { get; set; }
    public string Sex { get; set; }
}
```

（7）在 frmLinqToObject 类中编写方法 CreateStudents()，代码如下。

```
private IEnumerable<CStudent> CreateStudents()
{
    return new List<CStudent>
    {
        new CStudent{StuNo="00000001",StuName="林斌",Sex="男"},
        new CStudent{StuNo="00000002",StuName="彭少帆",Sex="男"},
        new CStudent{StuNo="00000003",StuName="曾敏馨",Sex="女"},
        new CStudent{StuNo="00000004",StuName="张晶晶",Sex="女"},
        new CStudent{StuNo="00000005",StuName="曹业成",Sex="男"}
    };
}
```

（8）切换到窗体的设计界面，双击名为 btnLinq 的 Button，产生该按钮的 Click 事件框架，并编写 Click 事件代码如下。

```
private void btnOK_Click(object sender, EventArgs e)
{
    listBox1.Items.Clear();
    var results = from c in CreateStudents()
                    where c.StuName.Contains(txtStuName.Text)
                    select c;
    foreach (var s in results)
    {
        listBox1.Items.Add("姓名：" + s.StuName + "  性别：" + s.Sex);
    }
}
```

（9）切换到窗体的设计界面，双击名为 btnForeach 的 Button，产生该按钮的 Click 事件框架，并编写 Click 事件代码如下。

```
private void btnForeach_Click(object sender, EventArgs e)
{
    listBox1.Items.Clear();

    foreach(CStudent s in CreateStudents())
    {
        if (s.StuName.Contains(txtStuName.Text))
        {
            listBox1.Items.Add("姓名：" + s.StuName + "  性别：" + s.Sex);
```

```
        }
    }
}
```

请读者对比以上两步操作中分别使用 LINQ 和传统方法进行查询的差异。由于该示例较为简单，对比效果不佳。当查询非常复杂时，将能极大地体现 LINQ 的优势。

（10）在"解决方案资源管理器"中双击"frmMain"，打开该窗体的设计界面，如图 11-3 所示，在主窗体 frmMain 的"LINQ 示例"菜单下加入该功能的菜单项。

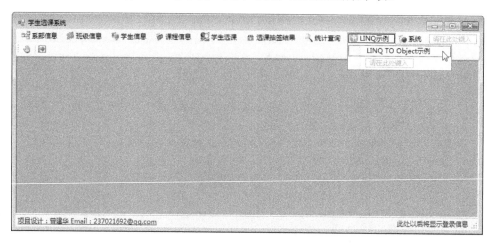

图 11-3　加入该功能的菜单项

（11）加入调用该功能的代码。双击"LINQ TO Object 示例"菜单项，为该菜单项编写 Click 事件，代码如下。

```
private void LINQTOObject 示例 ToolStripMenuItem_Click(object sender, EventArgs e)
{
    frmLinqToObject f = new frmLinqToObject();
    f.MdiParent = this;
    f.Show();
}
```

（12）运行，在主窗体中选择"LINQ 示例"菜单下的"LINQ TO Object 示例"命令，运行效果如图 11-4 所示。

图 11-4　使用 LINQ TO Object

单击"使用 LINQ 查询"和"使用 foreach 查询"按钮的运行结果是一样的，但实现方式不一样。请读者体会复杂情形下使用 LINQ 查询的好处。

下面继续编写代码对比使用 LINQ 排序和传统算法排序。

（13）切换到窗体的设计界面，如图 11-5 所示，放入两个 Button，一个 Button 的 Text 属性设置为"使用 LINQ 排序"、Name 属性设置为"btnSort1"，另一个 Button 的 Text 属性设置为"使用传统排序算法"、Name 属性设置为"btnSort2"。

图 11-5 使用 LINQ 排序对比

（14）双击名为 btnSort1 的 Button，产生该按钮的 Click 事件框架，并编写 Click 事件代码如下。

```
private void btnSort1_Click(object sender, EventArgs e)
{
    int[] ints = { 1, 4, 2, 5, 3, 6 };
    var values = from i in ints
                    orderby i
                    select i;
    listBox1.Items.Clear();
    foreach (var v in values)
    {
        listBox1.Items.Add(v);
    }
}
```

（15）在 frmLinqToObject 类中编写方法 BubbleSort ()，代码如下。

```
// 冒泡排序
public static void BubbleSort(ref int[] r)
{
    int i, j, temp;                             // 交换标志
    bool exchange;
    for (i = 0; i < r.Length; i++)              // 最多做 r.length-1 趟排序
    {
        exchange = false;                       // 本次排序开始前，交换标志应为假
        for (j = r.Length - 2; j >= i; j--)
        {
            if (r[j + 1] < r[j])                // 交换条件
            {
                temp = r[j + 1];
```

```
                    r[j + 1] = r[j];
                    r[j] = temp;
                    exchange = true;          // 发生了交换，故将交换标志置为真
                }
            }
            if (!exchange)                    // 本次排序未发生交换，提前终止算法
            {
                break;
            }
        }
    }
```

（16）切换到窗体的设计界面，双击名为 btnSort2 的 Button，产生该按钮的 Click 事件框架，并编写 Click 事件代码如下。

```
private void btnSort2_Click(object sender, EventArgs e)
{
    int[] r = new int[] { 1, 4, 2, 5, 3, 6 };
    BubbleSort(ref r);
    listBox1.Items.Clear();
    for (int i = 0; i < r.Length; i++)
    {
        listBox1.Items.Add(r[i]);
    }
}
```

请读者对比以上几步操作中分别使用 LINQ 和传统方法进行排序的差异。是不是 LINQ 很简捷呢？

（17）运行，在主窗体中选择"LINQ 示例"菜单下的"LINQ TO Object 示例"命令，运行效果如图 11-6 所示。

图 11-6　使用 LINQ 排序

单击"使用 LINQ 排序"和"使用传统排序算法"按钮的运行结果是一样的，但实现方式不一样。请读者再次体会使用 LINQ 的好处。

11.2 LINQ TO DataSet

11.2.1 LINQ TO DataSet 简介

DataSet 是更为广泛使用的 ADO.NET 组件之一，它是 ADO.NET 所基于的断开连接式编程模型的关键元素，使用它可以显式缓存不同数据源中的数据。在表示层上，DataSet 与 GUI 控件紧密集成，以进行数据绑定。在中间层上，它提供保留数据关系形状的缓存，并包括快速简单查询和层次结构导航服务。用于减少对数据库的请求数的常用技术是使用 DataSet，以便在中间层进行缓存，例如，考虑数据驱动的 ASP.NET Web 应用程序。通常，应用程序的绝大部分数据不会经常更改，属于会话之间或用户之间的公共数据。此数据可以保存在 Web 服务器的内存中，这会减少对数据库的请求数并加速用户的交互。DataSet 的另一个有用特征是允许应用程序将数据子集从一个或多个数据源导入应用程序空间，然后，应用程序可以在内存中操作这些数据，同时保留其关系形状。

DataSet 虽然具有突出的优点，但其查询功能也存在限制。Select 方法可用于筛选和排序，GetChildRows 和 GetParentRow 方法可用于层次结构导航。但对于更复杂的情况，开发人员必须编写自定义查询，这会使应用程序性能低下并且难以维护。

11.2.2 使用 LINQ TO DataSet

（1）在项目中添加新的 Windows 窗体，命名为"frmLinqToDataSet.cs"。

（2）将窗体拉到适当大小，设置窗体的 Text 属性为"信息查询"。

（3）如图 11-7 所示，放入一个 Label、一个 TextBox、一个 Button 和一个 ListBox。将 Label 的 Text 属性设置为"请输入姓名："，TextBox 的 Name 属性设置为"txtStuName"，Button 的 Text 属性设置为"查询"、Name 属性设置为"btnOK"。

图 11-7 使用 LINQ TO DataSet 窗体

（4）切换到该窗体的代码视图，加入如下代码。

```
using System.Data.SqlClient;
```

（5）在 frmLinqToDataSet 类中编写方法 CreateStudents()，代码如下。

```
private dsXk.StudentDataTable CreateStudents()
{
    SqlConnection cn = new SqlConnection(Properties.Settings.Default. XkConnectionString);

    string sql = " SELECT * FROM Student";
    SqlDataAdapter da = new SqlDataAdapter(sql, cn);
    dsXk.StudentDataTable t= new dsXk.StudentDataTable();
    da.Fill(t);
```

```
        return t;
    }
```

（6）在 frmLinqToDataSet 类中编写方法 getStudents()，代码如下。

```
private void getStudents()
{
    listBox1.Items.Clear();
    var results = from c in CreateStudents()
                        where c.StuName.Contains(txtStuName.Text)
                        select c;
    foreach (var r in results)
    {
        listBox1.Items.Add("姓名：" + r.StuName + "  性别：" + r.Sex);
    }
}
```

（7）切换到窗体的设计界面，双击 Button 产生该按钮的 Click 事件框架，并编写 Click 事件代码如下。

```
private void btnOK_Click(object sender, EventArgs e)
{
    getStudents();
}
```

（8）在"解决方案资源管理器"中双击"frmMain"，打开该窗体的设计界面，如图 11-8 所示，在主窗体 frmMain 的"LINQ 示例"菜单下加入该功能的菜单项。

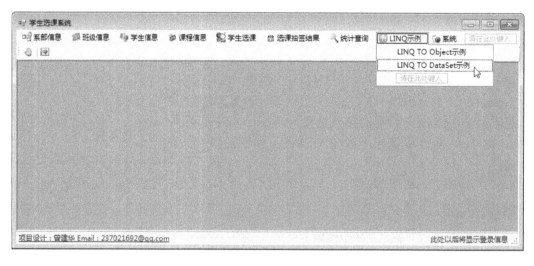

图 11-8　加入该功能的菜单项

（9）加入调用该功能的代码。双击"LINQ TO DataSet 示例"菜单项，为该菜单项编写 Click 事件，代码如下。

```
private void LINQTODataSet 示例 ToolStripMenuItem_Click(object sender, EventArgs e)
{
    frmLinqToDataSet f = new frmLinqToDataSet();
```

```
        f.MdiParent = this;
        f.Show();
    }
```

（10）在主窗体中选择"LINQ 示例"菜单下的"LINQ TO DataSet 示例"命令，运行效果如图 11-9 所示。

图 11-9　使用 LINQ TO DataSet

编者体会：使用 LINQ to DataSet 比其他方法可以更快、更容易地查询 DataSet 对象中缓存的数据。

11.3　LINQ TO SQL

11.3.1　LINQ TO SQL 简介

LINQ TO SQL 是包含在.NET Framework 的"Orcas"版中的一种 O/RM（对象关系映射）。O/RM 允许用户使用.NET 的类来对关系数据库进行建模，然后，用户可以使用 LINQ 对数据库中的数据进行查询、更新、添加、删除。

LINQ TO SQL 提供了对事务、视图、存储过程的完全支持，它同样为集成数据校验和业务层逻辑到数据模型中提供了一种简单的实现方式。

每一个 LINQ TO SQL 设计器文件都会被添加到我们的解决方案中，同时也将创建一个自定义的 DataContext 类。这个 DataContext 类是一个主要的管道，我们通过它来完成对数据库的操作和查询。DataContext 类将包含一些属性，这些属性代表建模时的表和添加的存储过程。

11.3.2　使用 LINQ TO SQL

（1）在项目中添加新的 Windows 窗体，命名为"frmLinqToSql.cs"。

（2）将窗体拉到适当大小，设置窗体的 Text 属性为"信息查询"。

（3）如图 11-10 所示，放入一个 Label、一个 TextBox、一个 Button 和一个 ListBox。将 Label 的 Text 属性设置为"请输入姓名："，TextBox 的 Name 属性设置为"txtStuName"，Button 的 Text 属性设置为"查询"、Name 属性设置为"btnOK"。

图 11-10　使用 LINQ TO SQL 窗体

（4）在"解决方案资源管理器"中右击 Xk 项目，选择"添加"下的"新建项"命令。

（5）如图 11-11 所示，在"添加新项"对话框中选择"LINQ to SQL 类"，输入名称为"dcXk.dbml"，单击"添加"按钮。

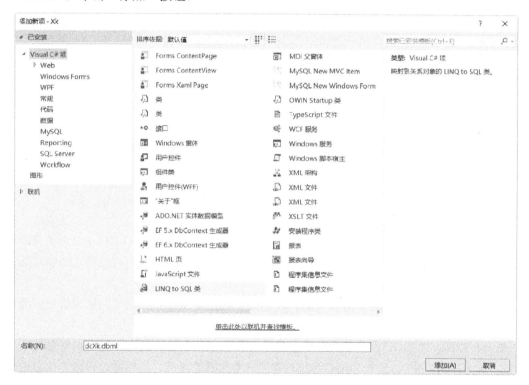

图 11-11　添加 LINQ to SQL 类

（6）如图 11-12 所示，从"服务器资源管理器"中将"Student"拖放到 dcXk.dbml 中。

（7）编译项目。

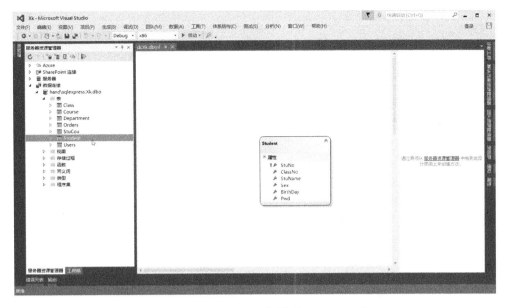

图 11-12 将"Student"拖放到 dcXk.dbml 中

（8）切换到 frmLinqToSql 的代码视图，在类中编写方法 getStudents()，代码如下。

```
private void getStudents()
{
    listBox1.Items.Clear();
    var db = new DCXkDataContext();
    var results = from c in db.Student
                  where c.StuName.Contains(txtStuName.Text)
                  select c;
    foreach (var r in results)
    {
        listBox1.Items.Add("姓名：" + r.StuName + "  性别：" + r.Sex);
    }
}
```

（9）切换到 frmLinqToSql 窗体的设计界面，双击 Button 产生该按钮的 Click 事件框架，并编写 Click 事件代码如下。

```
private void btnOK_Click(object sender, EventArgs e)
{
    getStudents();
}
```

（10）在"解决方案资源管理器"中双击"frmMain"，打开该窗体的设计界面，如图 11-13 所示，在主窗体 frmMain 的"LINQ 示例"菜单下加入该功能的菜单项。

（11）加入调用该功能的代码。双击"LINQ TO SQL 示例"菜单项，为该菜单项编写 Click 事件，代码如下。

```
private void LINQTOSQL 示例 ToolStripMenuItem_Click(object sender, EventArgs e)
{
```

```
        frmLinqToSql f = new frmLinqToSql();
        f.MdiParent = this;
        f.Show();
}
```

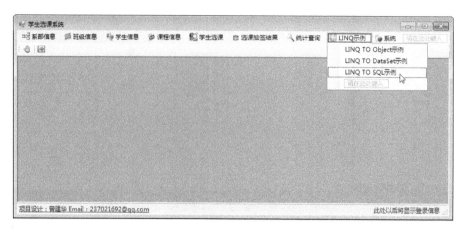

图 11-13   加入该功能的菜单项

（12）在主窗体中选择"LINQ 示例"菜单下的"LINQ TO SQL 示例"命令，运行效果如图 11-14 所示。

图 11-14   使用 LINQ TO SQL

编者体会：使用 LINQ TO SQL 可能并没有给您带来太多的用处，特别是对已经习惯使用 SQL 访问数据的程序员而言。个人认为当您习惯任何情形下都使用 LINQ 时，那您就会选择使用 LINQ TO SQL 来访问数据库了。

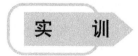
实   训

使用 LINQ TO Object 对字符串数组中的数据进行排序，大致效果如图 11-S-1 所示。

图 11-S-1　使用 LINQ TO Object

第12章

使用 ClickOnce 部署项目

学习目标

学会使用 ClickOnce 技术部署智能客户端。

ClickOnce 是一项部署技术，我们可以利用这项技术来创建基于 Windows 的自行更新的应用程序，并且安装和运行这类应用程序所需的用户交互最少。

可以采用 3 种不同的方式发布 ClickOnce 应用程序：从网页发布、从网络文件共享发布或者从媒体（如 CD-ROM）发布。ClickOnce 应用程序可以安装在最终用户的计算机上并在本地运行（即使该计算机处于脱机状态），也可以在仅限联机模式下运行，而不必在最终用户的计算机上永久性安装任何内容。

ClickOnce 应用程序可以自行更新，这些应用程序可以在较新版本可用时检查是否存在较新版本，并自动替换所有更新后的文件。

ClickOnce 部署解决了部署中的 3 个主要问题。

（1）更新应用程序困难。使用 Microsoft Windows Installer 部署，每次更新应用程序时，用户都可以安装更新（msp 文件）并将其应用到已安装的产品中；使用 ClickOnce 部署可自动提供更新。只有更改过的应用程序部分才会被下载，然后会从新的并行文件夹重新安装完整的、更新后的应用程序。

（2）对用户计算机的影响。使用 Windows Installer 部署时，应用程序通常依赖于共享组件，这便有可能发生版本冲突；而使用 ClickOnce 部署时，每个应用程序都是独立的，不会干扰其他应用程序。

（3）安全权限。Windows Installer 部署要求管理员权限并且只允许受限制的用户安装；而 ClickOnce 部署允许非管理员用户安装应用程序，并仅授予应用程序所需要的那些代码访问安全性权限。

上述问题有时会导致开发人员决定创建 Web 应用程序而不是基于 Windows 的应用程序，从而牺牲丰富的用户界面来换取安装的便利。通过使用 ClickOnce 部署的应用程序，我们可以集这两种技术的优势于一身。

培养锐意进取的创新精神。

12.1　发布前的准备

本章将演示将项目部署到 Web 服务器上，所以应先准备好相应的 IIS 配置。

12.1.1　配置 IIS

（1）如图 12-1 所示，在桌面上右击"我的电脑"，选择"管理"命令。

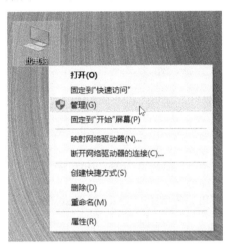

图 12-1　计算机管理

（2）如图 12-2 所示，展开"服务和应用程序"，单击"Internet Information Services（IIS）管理器"，右击"Default Web Site"，选择"添加应用程序"命令。

图 12-2　Internet Information Services（IIS）管理器

（3）如图 12-3 所示，"别名"输入"Xk"，"物理路径"读者可自行选择，编者这里输入

"D:\Xk"（请先准备好该物理路径），单击"确定"按钮。

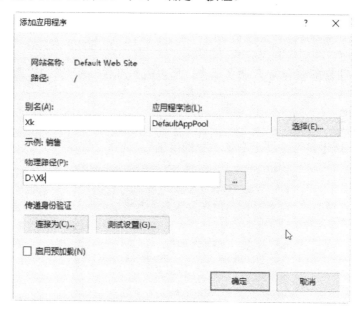

图 12-3　添加应用程序

（4）如图 12-4 所示，此时可以看到在"Default Web Site"下多了个"Xk"应用程序。单击"目录浏览"。

图 12-4　目录浏览

（5）如图 12-5 所示，单击"启用"。

图 12-5　启用目录浏览

12.1.2　更改项目图标

项目编译后，输出的文件默认在项目文件夹下"bin"的"Debug"文件夹下。应用程序的默认图标如图 12-6 所示，但我们发布的时候通常会设置成公司的 Logo 之类的图标。

图 12-6　项目默认图标

（1）在"解决方案资源管理器"中右击 Xk 项目，选择"属性"命令。

（2）如图 12-7 所示，左侧选择"应用程序"，单击图中鼠标所在位置的"浏览"按钮设置默认图标。

图 12-7　设置图标

（3）选择自己喜欢的图标文件。编者这里选择的是"资源文件夹"下的"Title.ico"。

（4）重新编译运行程序，再来看看应用程序的图标，如图 12-8 所示，在项目所在文件夹的 bin\Debug 目录下，可以看到"Xk.exe"可执行文件变成了刚刚设置的"Title.ico"图标。

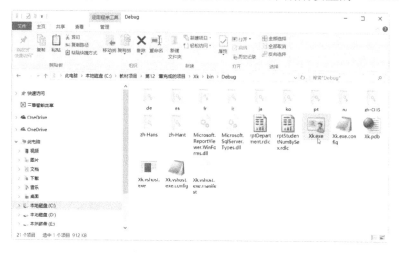

图 12-8　项目图标

12.2　发布

12.2.1　发布项目

（1）在"解决方案资源管理器"中右击 Xk 项目，选择"属性"命令。

（2）如图 12-9 所示，左侧选择"发布"，在"发布位置"处输入"D:\XK\"，单击"立即发布"按钮。

图 12-9　设置发布位置

大家可以注意一下"发布版本"，默认为"随每次发布自动递增修订号"。

12.2.2 测试发布项目

（1）启动浏览器，在地址栏输入"http://localhost/Xk/"进入发布页面。如图 12-9 所示，单击"Xk.application"启动应用程序。

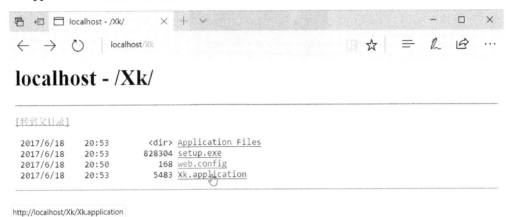

图 12-10 启动应用程序

如果应用程序重新发布了，版本号将发生变化，客户端也将自动升级到最新版本（和发布设置有关，也可能会新、旧版本同时运行）。

（2）出现如图 12-11 所示界面。

图 12-11 启动应用程序界面

（3）如图 12-12 所示，运行进入选课系统。

图 12-12 运行进入选课系统

（4）如图 12-13 所示，也可从 Windows 系统的"开始"菜单中运行"Xk"进入选课系统。

（5）如图 12-14 所示，找到发布项目所在的物理路径，编者这里是"D:\Xk"，可以看到在

"Application Files"文件夹下的目录，每发布一次就会增加一个文件夹，用户可以将旧版本的文件夹删除。

图 12-13　从 Windows 系统的"开始"菜单中运行"Xk"进入选课系统

图 12-14　发布文件夹

实　　训

1．更改项目图标。
2．使用 ClickOnce 部署购物系统。

网上购物系统及其数据库简介

学习目标

　　了解 Visual Studio 2015 开发 Web 项目的强大功能，了解网上购物系统的各项功能，初步认识网上购物系统配套的数据库 eShop。

注　意

　　本附录开发环境为 Visual Studio 2015、SQL Server 2014。

A.1　网上购物系统介绍

A.1.1　网上购物系统基本功能

　　网上购物系统的功能包括浏览商品、挑选商品到购物车、下订单、用户注册、登录网站等最常用、实用的功能。

A.1.2　为什么通过网上购物系统学习 SQL Server

　　网上购物系统具备很好的代表性。

　　相信您一定有过网上购物或浏览购物网站的体验，有了感性的认识将有助于您更轻松地理解系统的开发、理解该系统所使用的数据库。

　　不管什么项目，主要功能其实都很类似，如数据库设计、数据的维护（录入、修改、删除）、统计查询等。编者也将围绕这几个部分来展开讲解。

A.2　体验网上购物系统

A.2.1　准备网上购物系统所需数据库

（1）以管理员身份启动 SQL Server Management Studio（以后简称 SSMS）。

（2）如图 A-1 所示，在"对象资源管理器"中右击"数据库"，在弹出的快捷菜单中选择"附加"命令。

图 A-1　附加数据库

（3）如图 A-2 所示，单击"添加"按钮选择数据库文件位置。

图 A-2　单击"添加"按钮

（4）如图 A-3 所示，定位好 eShop 数据库文件（在"附录项目"文件夹下的"eShop.mdf"），单击"确定"按钮。

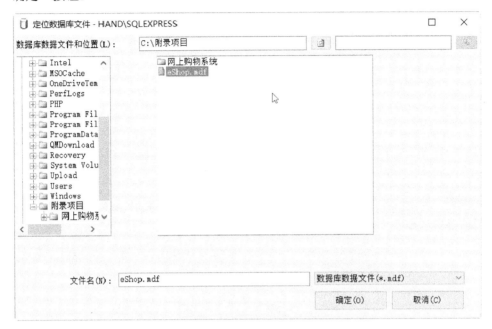

图 A-3　定位数据库文件

（5）如图 A-4 所示，再次单击"确定"按钮完成附加数据库操作。

图 A-4　完成附加数据库

（6）如图 A-5 所示，附加操作成功后在"对象资源管理器"中可看到"eShop"数据库。

图 A-5　成功附加数据库

（7）如图 A-6 所示，如果附加操作成功后却没有看到"eShop"数据库，则右击"对象资源管理器"选择"刷新"命令。

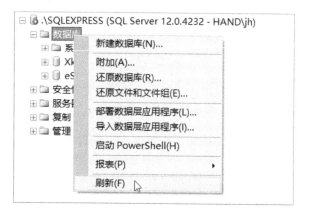

图 A-6　刷新附加数据库

（8）附加数据库时如果出现如图 A-7 所示错误信息，检查一下是否以管理员身份启动SSMS。然后重新开始附加操作。

图 A-7　附加数据库出错

（9）数据库环境准备完毕。

A.2.2　运行网上购物系统

（1）启动 Visual Studio 2015。

（2）如图 A-8 所示，在 Visual Studio 主菜单中单击"文件"菜单，选择"打开"下的"网站"命令。

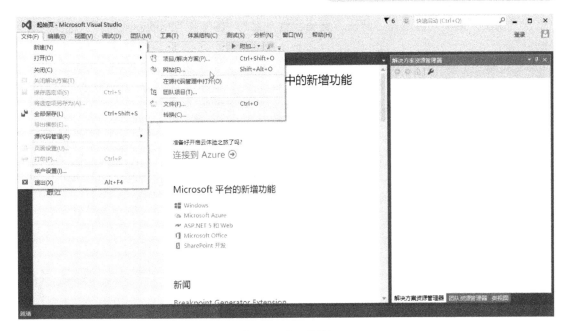

图 A-8　打开网站

（3）如图 A-9 所示，定位到本教材配套资源，编者这里是"C:\附录项目\网上购物系统"文件夹（注意：是文件夹，不是该文件夹下面的文件），单击"打开"按钮。

图 A-9　定位到 eShop 网站文件夹

（4）如图 A-10 所示，在"解决方案资源管理器"（如果找不到，可在 Visual Studio 主菜单中单击"视图"菜单，再选择"解决方案资源管理器"）中右击"Products.aspx"，选择"设为起始页"。

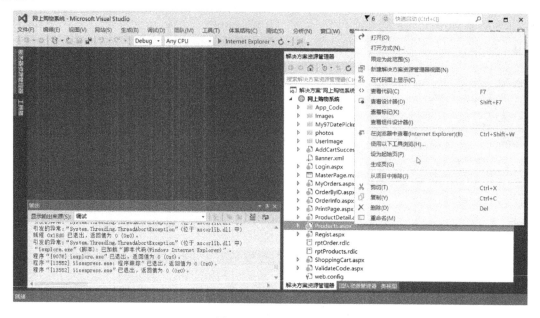

图 A-10　设置起始页

（5）如图 A-11 所示，在"解决方案资源管理器"中双击"web.config"，注意图中左侧矩形框中的内容：Data Source=.\SQLEXPRESS。

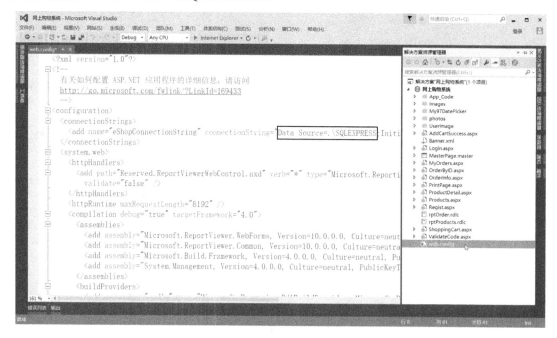

图 A-11　打开 web.config 文件

（6）如图 A-12 所示，还记得启动 SSMS 时的界面吗？服务器名称处的".\SQLEXPRESS"就是和此处的".\SQLEXPRESS"对应的。

如果你的环境不一样，比如你的服务器名称是"."，则应将 web.config 文件中的那条语句修改为"Data Source=."。

图 A-12　连接到服务器

（7）如图 A-13 所示，在 Visual Studio 的菜单中单击 ▶ Internet Explorer ▾，在 IE 下运行项目。

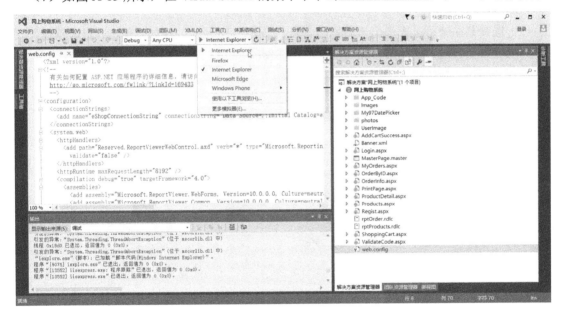

图 A-13　运行项目

A.2.3　网上购物系统功能介绍

从界面上来认识一下网上购物系统都有哪些功能，这将有助于理解项目和学习本教材。

（1）商城首页。如图 A-14 所示，显示了网站销售的商品。你看到的示例数据可能和图中并不完全一致，这不会影响我们的学习。

网站销售的商品种类是非常之多的，不过从编程角度而言技术都是类似的，所以本教材仅以手机商品为例进行讲解。某种程度的简化其实更有助于读者学习，这也是编者精心设计的。

图 A-14　商城首页

（2）选择某品牌后可筛选出该品牌的商品。如图 A-15 所示，比如当单击了"诺基亚"（图中鼠标的位置）之后，显示的都是诺基亚品牌的商品。

图 A-15　诺基亚品牌的商品

（3）如图 A-16 所示，在页面的左上方有一个小广告条，示例项目设置了可能是新华网，也可能是当当网的网站链接。

图 A-16　小广告条

（4）单击广告条，将链接到如图 A-17 所示的网站。

图 A-17 链接到合作网站

（5）在商城主页，如图 A-18 所示，注意鼠标的位置，请多次单击"刷新"按钮。

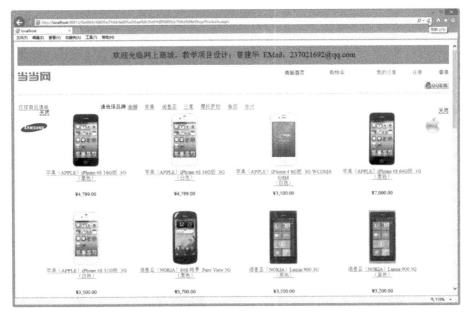

图 A-18 广告出现概率测试

注意小广告条处的变化，可以观察到小广告条可能出现新华网，也可能出现当当网，但新华网出现的概率较高。

（6）如图 A-19 所示，注意观察页面左右两侧的浮动广告条，当滚动浏览器的滚动条时，浮动广告会跟随移动而始终在用户的视野范围内。

关闭

图 A-19　浮动广告

（7）如图 A-20 所示，单击某浮动广告，如单击"SAMSUNG"，将链接到三星网站。

图 A-20　三星网站

（8）单击浮动广告右上方的"关闭"按钮，将关闭浮动广告条。关闭浮动广告后页面如图 A-21 所示。

图 A-21　关闭了浮动广告的页面

（9）QQ 客服功能，请先启动您的 QQ。单击页面右上方的 QQ在线 按钮。

（10）出现如图 A-22 所示对话框，单击"允许"按钮。

图 A-22　IE 对话框

（11）出现如图 A-23 所示的 qq 临时会话框。

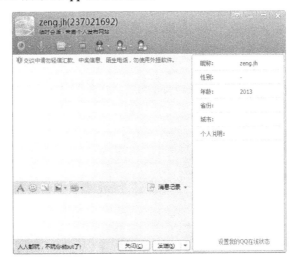

图 A-23　qq 临时会话框

（12）在商城首页，单击左上方的"打印商品清单"按钮，出现如图 A-24 所示打印预览页面，页面上方工具条提供了翻页及缩放等功能。

图 A-24　打印预览页面

（13）当您想要输出时，可单击页面上方工具条中的 ![icon] 图标，出现如图 A-25 所示下拉框，可以选择输出类型。

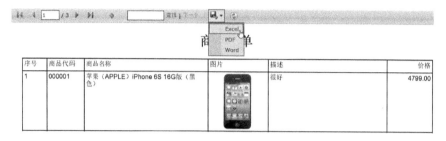

图 A-25　选择输出类型

（14）查看商品详情。在商城首页，如图 A-26 所示，单击某商品。

图 A-26　挑选商品

（15）如图 A-27 所示，链接到该商品的详细信息页面。如果喜欢该商品，单击"加入购物车"按钮。

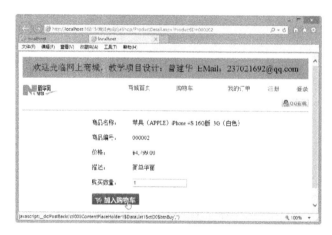

图 A-27　加入购物车

（16）如图 A-28 所示，商品成功加入购物车后，可单击"继续购物"按钮回到商城首页继续挑选商品，也可单击"去购物车并结算"按钮进入相应页面。

图 A-28 商品已成功加入购物车

请读者参照编者执行的操作步骤：

单击"继续购物"按钮，再挑选一件商品到购物车中。

再单击"去购物车并结算"按钮。

（17）如图 A-29 所示，进入购物车页面。

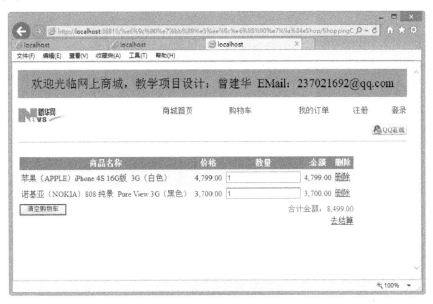

图 A-29 购物车页面

（18）如图 A-30 所示，可修改数量，如在第 2 行"数量"处输入"2"，则相应的"金额"及"合计金额"都即刻更新。

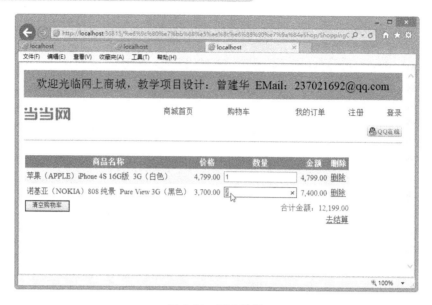

图 A-30　更改数量

（19）如图 A-31 所示，单击"删除"字样删除购物车中的商品。

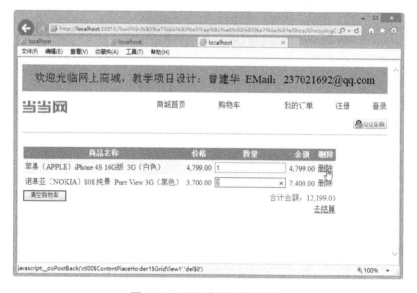

图 A-31　删除购物车中的商品

（20）如图 A-32 所示，单击"确定"按钮删除购物车中的商品。删除后，则相应的总金额也将即刻更新。

图 A-32　确定删除购物车中的商品

也可单击"清空购物车"按钮清除购物车中的所有商品，编者这里就不测试了。

（21）确认购物车中的商品后，如图 A-33 所示，单击"去结算"字样。

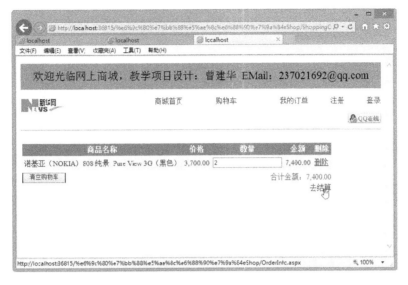

图 A-33 单击"去结算"字样

（22）系统将检测用户是否已登录系统。如果用户未登录，将出现如图 A-34 所示登录页面。

图 A-34 登录页面

（23）如果已注册，输入正确的用户名、密码和验证码。

可输入系统预置账号：

用户名：zjh

密码：1

如果未注册，可单击"注册"按钮，出现如图 A-35 所示的注册页面。

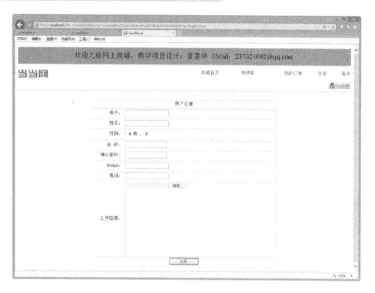

图 A-35　注册页面

　　编者这里不注册，输入正确的用户名、密码和验证码后，单击"登录"按钮。

　　（24）如图 A-36 所示，登录后，注意左侧广告条下方，系统显示为"您好，曾建华，欢迎光临本网站！"，之前未登录系统时没有欢迎信息。

图 A-36　确认提交订单

　　登录后，系统将引导到登录前的页面。我们这里是单击"去结算"时的页面。

　　如果登录用户以往有过购物资料，则联系电话、送货地址、收货人信息默认为用户最近一次购物时填写的信息。

　　如果是第一次购物，联系电话、送货地址、收货人信息将为空。

　　用户可在此基础上输入新的联系电话、送货地址、收货人信息或保持原有信息不变。

　　单击"确认联系方式和产品清单　提交订单"按钮。

（25）出现如图 A-37 所示的订单页面。

图 A-37 订单页面

（26）在订单页面，可单击"打印订单"按钮，则出现如图 A-38 所示的打印界面。

图 A-38 打印订单

（27）在导航条上单击"我的订单"可查询所有历史订单，如图 A-39 所示，该页面包含指定时间段内的每一笔订单。

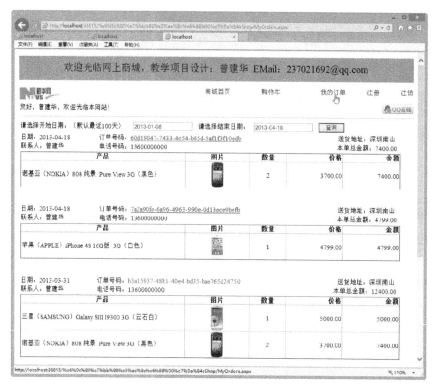

图 A-39　我的订单查询

（28）单击某一"订单号码"后，如图 A-40 所示，可查看该订单的详情。

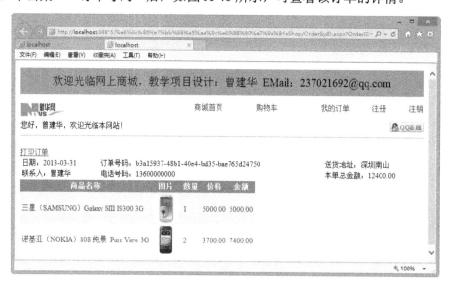

图 A-40　查看选定订单的详情

　　项目的每一个功能我们都浏览了一遍，相信您也对本项目有了一定的了解。那我们来逐个实现该项目的数据库吧。

　　【推荐】若想学习网上购物系统的详细开发流程，可参阅下面的教材，这是本附录的完美配套。

名称：《Visual Studio 2010（C#）Web 数据库项目开发》

主编：曾建华

出版社：电子工业出版社

A.3　网上购物系统使用的数据库 eShop

A.3.1　初步认识网上购物系统使用的数据库 eShop

（1）启动 SSMS。如图 A-41 所示，在"对象资源管理器"中展开"数据库"，进一步展开"eShop"，再展开"表"。

图 A-41　eShop 数据库中的表

本教材项目使用的 eShop 数据库中包含 5 个表，分别是：Users（用户表）、Suppliers（供应商表）、Products（商品表）、Orders（订单主表）、OrderItems（订单明细表）。

（2）如图 A-42 所示，右击"dbo.Users"，选择"编辑所有行"（也可能显示为编辑前××行）可查看 Users 表的数据。

图 A-42　编辑所有行

（3）Users（用户表）包含的列：UserID（用户 ID）、UserName（用户名称）、Sex（性别）、Pwd（密码）、EMail（邮件地址）、Tel（电话）、UserImage（用户图像文件）。示例数据如图 A-43 所示。

	UserID	UserName	Sex	Pwd	EMail	Tel	UserImage
▶	test	测试用户	女	123	test@qq.com	13300000000	*NULL*
	zjh	曾建华	男	1	237021692@qq.com	13600000000	*NULL*
*	*NULL*	*NULL*	*NULL*	*NULL*	*NULL*	*NULL*	*NULL*

图 A-43　Users 表中的数据

（4）类似地，查看 Suppliers（供应商表）包含的列：SupplierID（供应商 ID）、SupplierName（供应商名称）。示例数据如图 A-44 所示。

SupplierID	SupplierName
01	苹果
02	微软
03	三星
04	摩托罗拉
05	索尼
06	中兴

图 A-44　Suppliers 表中的数据

（5）Products（商品表）包含的列：ProductID（商品 ID）、SupplierID（商品的供应商 ID）、ProductName（商品名称）、Color（颜色）、ProductImage（商品对应的图片文件，含相对路径）、Price（价格）、Description（商品描述）、Onhand（库存数量）。示例数据如图 A-45 所示。

	ProductID	SupplierID	ProductN...	Color	Producti...	Price	Description	Onhand
▶	000001	01	苹果（APP...	黑色	photos/苹...	4799.00	很好	100
	000002	01	苹果（APP...	白色	photos/苹...	4799.00	很好	200
	000003	01	苹果（APP...	白色	photos/苹...	3500.00	很好	300
	000004	01	苹果（APP...	黑色	photos/苹...	7000.00	很好	100
	000005	01	苹果（APP...	白色	photos/苹...	3500.00	很好	100
	000006	02	Lumia 640	黑色	photos/Lu...	900.00	很好	140
	000007	02	Lumia 640 ...	钛灰色	photos/Lu...	1300.00	不错	200
	000008	02	Lumia 650	红色	photos/Lu...	1200.00	不错	300
	000009	02	Lumia 950	云石白	photos/Lu...	4000.00	不错	300
	000010	02	Lumia 950...	白色	photos/Lu...	5000.00	不错	300
	000011	03	三星（SA...	钛灰色	photos/三...	12000.00	不错	100
	000012	03	三星（SA...	云石白	photos/三...	5000.00	good	100
	000013	03	三星（SA...	菁玉蓝	photos/三...	4600.00	good	100
	000014	03	三星（SA...	红色	photos/三...	4300.00	good	100
	000015	03	三星（SA...	黑色	photos/三...	3700.00	good	100
	000016	04	摩托罗拉（...	黑色	photos/摩...	2800.00	good	100
	000017	04	摩托罗拉（...	云石白	photos/摩...	1300.00	nice	100
	000018	04	摩托罗拉（...	黑色	photos/摩...	2300.00	nice	100
	000019	04	摩托罗拉（...	白色	photos/摩...	2000.00	nice	100
	000020	04	摩托罗拉（...	钛灰色	photos/摩...	1800.00	nice	100
	000021	05	索尼（SON...	白色	photos/索...	4300.00	nice	100
	000022	05	索尼（SON	白色	photos/索...	3500.00	very good	100

图 A-45　Products 表中的数据

（6）Orders（订单主表）包含的列：OrderID（订单号）、UserID（订单用户 ID）、Consignee（订单联系人）、Tel（订单联系电话）、Address（送货地址）、OrderDate（订单提交时间）。示例数据如图 A-46 所示。

	OrderID	UserID	Consignee	Tel	Address	OrderDate
▶	c-b3fdac919dc4	zjh	曾建华	13600000000	深圳南山	2012-12-02 14:54:24.000
	b3a15937-48b1-40e4-bd35-bae765d24750	zjh	曾建华	13600000000	深圳南山	2013-03-31 11:17:11.240
	cc5961bb-83b1-407d-a521-d316045a217c	zjh	曾建华	13600000000	深圳南山	2013-03-21 09:43:31.980
	d025d90b-6560-4f39-ae88-87f1b13cb061	zjh	曾建华	13600000000	深圳南山	2013-03-25 21:33:40.763
*	NULL	NULL	NULL	NULL	NULL	NULL

图 A-46　Orders 表中的数据

（7）OrderItems（订单明细表）包含的列：OrderItemID（订单明细 ID）、OrderID（订单明细表对应订单主表的订单号）、ProductID（订单的商品 ID）、Amount（数量）、Price（价格）。示例数据如图 A-47 所示。

	OrderItemID	OrderID	ProductID	Amount	Price
	0E5F8646-24E9-421C-8CA5-D05636F23969	cc5961bb-83b1-407d-a521-d316045a217c	000001	1	4799.00
	10A61504-2E91-4449-ACB2-15ACF8498918	b3a15937-48b1-40e4-bd35-bae765d24750	000012	1	5000.00
	6D8662AB-02EC-499C-9A1A-AF1611A6E485	87aaa3af-3161-4953-90dc-b3fdac919dc4	000008	1	3200.00
	AF52CA55-B60D-4AEF-9284-C04257B78386	d025d90b-6560-4f39-ae88-87f1b13cb061	000017	1	1300.00
	D15FCEDF-8B66-4EE5-987C-B43FC0B6F3DB	87aaa3af-3161-4953-90dc-b3fdac919dc4	000010	1	2000.00
	D63D54F7-162D-4E69-A4D3-11CBD3780FEC	b3a15937-48b1-40e4-bd35-bae765d24750	000006	2	3700.00
▶*	NULL	NULL	NULL	NULL	NULL

图 A-47　OrderItems 表中的数据

A.3.2　数据库中表之间的关系

本节通过数据库关系图初步认识数据库中表之间的关系。

（1）如图 A-48 所示，在"对象资源管理器"中展开"数据库"，进一步展开"eShop"，再展开"数据库关系图"，双击"dbo.Diagram_0"。

图 A-48　查看数据库关系图

（2）操作时如果出现如图 A-49 所示的对话框，则执行步骤（3）、（4）、（5），否则直接跳到第（6）步。

图 A-49　数据库没有有效所有者

（3）如图 A-50 所示，在"对象资源管理器"中展开"数据库"，右击"eShop"，选择 "新建查询"命令。

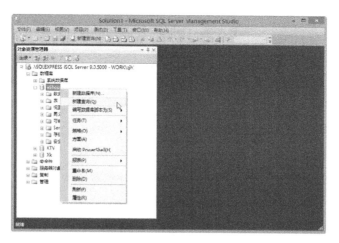

图 A-50　打开查询窗口

（4）如图 A-51 所示，在查询窗口中输入命令：

ALTER AUTHORIZATION ON DATABASE::eShop TO sa

图 A-51　输入命令

单击工具栏上的 ![执行] 图标（或按快捷键 Ctrl+E）执行该语句。

（5）再按照步骤（1）操作。

（6）表之间的关系如图 A-52 所示。

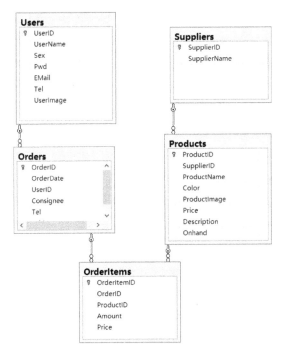

图 A-52　数据库关系图

从图中我们可以看到：

Products 和 Suppliers 之间通过 SupplierID 进行连接，表示商品的供应商 ID 来源于供应商表。

Orders 和 Users 之间通过 UserID 进行连接，表示订单主表的用户 ID 来源于用户表。

OrderItems 和 Orders 之间通过 OrderID 进行连接，表示订单明细表的订单号来源于订单主表。

OrderItems 和 Products 之间通过 ProductID 进行连接，表示订单明细表的商品 ID 来源于商品表。

【推荐】若想学习网上购物系统数据库 eShop 的详细设计，可参阅下面的教材，这是本附录的完美配套。

名称：《SQL Server 2014 数据库设计开发及应用》

主编：曾建华

出版社：电子工业出版社

创新突破，诠释"中国创造"

在激烈的市场竞争和转型升级压力下，"工匠精神"被赋予以创新为导向、以技术为生命、以质量为追求的新内涵。支撑创新驱动的根本是创新型人才，其中包括能工巧匠和高级技师。大国工匠们凭借丰富的实践经验和不懈的创新进步，实现了一项项工艺革新，完成了一系列技术攻坚。他们是支撑中国制造的重要力量，也是锻造"创新中国"的劳动者大军。一大批产业劳动者勇于创新、追求卓越的干劲，彰显工匠精神的时代气息，折射出共产党人顽强拼搏、锐意进取的时代精神。